国家卫生健康委员会"十三五"规划教材

全国高职高专学校教材

供口腔医学、口腔医学技术专业用

口腔设备学

第2版

主　编　李新春

副主编　郭　红

编　者（以姓氏笔画为序）

李新春　开封大学医学部

周　政　石河子大学医学院第一附属医院

郭　红　长沙卫生职业学院

葛亚丽　开封大学医学部

谭　风　湖南医药学院

编写秘书　葛亚丽

人民卫生出版社

·北京·

图书在版编目（CIP）数据

口腔设备学/李新春主编. —2版. —北京：人
民卫生出版社，2021.1（2024.8 重印）

"十三五"全国高职高专口腔医学和口腔医学技术专
业规划教材

ISBN 978-7-117-30991-2

Ⅰ. ①口… Ⅱ. ①李… Ⅲ. ①口腔科学－医疗器械－
高等职业教育－教材 Ⅳ. ①TH787

中国版本图书馆 CIP 数据核字（2021）第 000578 号

人卫智网	www.ipmph.com	医学教育、学术、考试、健康，购书智慧智能综合服务平台
人卫官网	www.pmph.com	人卫官方资讯发布平台

口腔设备学
Kouqiang Shebeixue
第 2 版

主　　编：李新春
出版发行：人民卫生出版社（中继线 010-59780011）
地　　址：北京市朝阳区潘家园南里 19 号
邮　　编：100021
E - mail：pmph @ pmph.com
购书热线：010-59787592　010-59787584　010-65264830
印　　刷：三河市潮河印业有限公司
经　　销：新华书店
开　　本：787×1092　1/16　　印张：9
字　　数：219 千字
版　　次：2014 年 12 月第 1 版　　2021 年 1 月第 2 版
印　　次：2024 年 8 月第 8 次印刷
标准书号：ISBN 978-7-117-30991-2
定　　价：35.00 元
打击盗版举报电话：**010-59787491**　E-mail：**WQ @ pmph.com**
质量问题联系电话：**010-59787234**　E-mail：**zhiliang @ pmph.com**

出 版 说 明

为了培养合格的口腔医学和口腔医学技术专业人才,人民卫生出版社在卫生部(现国家卫生健康委员会)、教育部的领导支持下,在全国高职高专口腔医学和口腔医学技术专业教材建设评审委员会的指导组织下,2003年出版了第一轮全国高职高专口腔医学和口腔医学技术专业教材,并于2009年、2015年分别推出第二轮、第三轮本套教材,现隆重推出第四轮全国高职高专口腔医学和口腔医学技术专业教材。

本套教材出版近20年来,在我国几代具有丰富临床和教学经验、有高度责任感和敬业精神的专家学者与人民卫生出版社的共同努力下,我国高职高专口腔医学和口腔医学技术专业教材实现了从无到有、从有到精和传承创新,教材品种不断丰富,内容结构不断优化,纸数融合不断创新,形成了遵循职教规律、代表职教水平、体现职教特色、符合培养目标的立体化教材体系,在我国高职高专口腔医学和口腔医学技术专业教育中得到了广泛使用和高度认可,为人才培养做出了巨大贡献,并通过教材的创新建设和高质量发展,推动了我国高职高专口腔医学和口腔医学技术教育的改革和发展。本套教材第三轮的13种教材中有6种被评为教育部"十二五"职业教育国家规划立项教材,全套13种为国家卫生和计划生育委员会"十二五"规划教材,成为我国职业教育重要的精品教材之一。

教材建设是事关未来的战略工程、基础工程,教材体现了党和国家的意志。人民卫生出版社紧紧抓住深化医教协同全面推动医学教育综合改革的历史发展机遇期,以规划教材创新建设,全面推进国家级规划教材建设工作,服务于医改和教改。为贯彻落实《医药卫生中长期人才发展规划(2011—2020年)》《国务院关于加快发展现代职业教育的决定》等文件精神要求,人民卫生出版社于2018年就开始启动第四轮高职高专口腔医学和口腔医学技术专业教材的修订工作,通过近1年的全国范围调研、论证和研讨,形成了第四轮教材修订共识,组织了来自全国25个省(区、市)共计52所院校及义齿加工相关企业的200余位专家于2020年完成了第四轮全国高职高专口腔医学和口腔医学技术专业教材的编写和出版工作。

本套教材在坚持教育部职业教育"五个对接"的基础上,编写进一步突出口腔医学和口腔医学技术专业教育和医学教育的"五个对接":和人对接,体现以人为本;和社会对接;和临床过程对接,实现"早临床、多临床、反复临床";和先进技术与手段对接;和行业准入对接。注重提高学生的职业素养和实际工作能力,使学生毕业后能独立、正确处理与专业相关的临床常见实际问题。

本套教材修订特点：

1. 国家规划 教材编写修订工作是在国家卫生健康委员会、教育部的领导和支持下，由全国高等医药教材建设研究学组规划，全国高职高专口腔医学和口腔医学技术专业教材建设评审委员会审定，全国高职高专口腔医学和口腔医学技术专业教学一线的专家学者编写，人民卫生出版社高质量出版。

2. 课程优化 教材编写修订工作着力健全课程体系、完善课程结构、优化教材门类，本轮修订首次将口腔医学专业教材和口腔医学技术专业教材分两个体系进行规划编写，并新增了《口腔基础医学概要》《口腔修复工艺材料学》《口腔疾病概要》3 种教材，全套教材品种增至 17 种，进一步提高了教材的思想性、科学性、先进性、启发性、适用性（"五性"）。本轮 2 套教材目录详见附件一。

3. 体现特色 随着我国医药卫生事业和卫生职业教育事业的快速发展，高职高专医学生的培养目标、方法和内容有了新的变化，修订紧紧围绕专业培养目标，结合我国专业特点，吸收新内容，突出专业特色，注重整体优化，以"三基"（基础理论、基本知识、基本技能）为基础强调技能培养，以"五性"为重点突出适用性，以岗位为导向、以就业为目标、以技能为核心、以服务为宗旨，充分体现职业教育特色。

4. 符合规律 在教材编写体裁上注重职业教育学生的特点，内容与形式简洁、活泼；与职业岗位需求对接，鼓励教学创新和改革；兼顾我国多数地区的需求，扩大参编院校范围，推进产教融合、校企合作、工学结合，努力打造有广泛影响力的高职高专口腔医学和口腔医学技术专业精品教材，推动职业教育的发展。

5. 创新融合 为满足教学资源的多样化，实现教材系列化、立体化建设，本套教材以融合教材形式出版，将更多图片、PPT 以及大量动画、习题、视频等多媒体资源，以二维码形式印在纸质教材中，扫描二维码后，老师及学生可随时在手机或电脑端观看优质的配套网络资源，紧追"互联网 +"时代特点。

6. 职教精品 为体现口腔医学和口腔医学技术实践和动手特色，激发学生学习和操作兴趣，本套教材将双色线条图、流程图或彩色病例照片以活泼的版面形式精美印刷。

为进一步提高教材质量，请各位读者将您对教材的宝贵意见和建议**发至"人卫口腔"微信公众号（具体方法见附件二）**，以便我们及时勘误，同时为下一轮教材修订奠定基础。衷心感谢您对我国口腔医学高职高专教育工作的关心和支持。

人民卫生出版社

2020 年 5 月

附件一　本轮口腔医学和口腔医学技术专业 2 套教材目录

口腔医学专业用教材(共 10 种)	口腔医学技术专业用教材(共 9 种)
《口腔设备学》(第 2 版)	《口腔设备学》(第 2 版)
《口腔医学美学》(第 4 版)	《口腔医学美学》(第 4 版)
《口腔解剖生理学》(第 4 版)	《口腔基础医学概要》
《口腔组织病理学》(第 4 版)	《口腔修复工艺材料学》
《口腔预防医学》(第 4 版)	《口腔疾病概要》
《口腔内科学》(第 4 版)	《口腔固定修复工艺技术》(第 4 版)
《口腔颌面外科学》(第 4 版)	《可摘局部义齿修复工艺技术》(第 4 版)
《口腔修复学》(第 4 版)	《全口义齿工艺技术》(第 4 版)
《口腔正畸学》(第 4 版)	《口腔工艺管理》(第 2 版)
《口腔材料学》(第 4 版)	

附件二　"人卫口腔"微信公众号

"人卫口腔"是人民卫生出版社口腔专业出版的官方公众号,将及时推出人卫口腔专培、住培、研究生、本科、高职、中职近百种规划教材、配套教材、创新教材和 200 余种学术专著、指南、诊疗常规等最新出版信息。

1. 打开微信,扫描右侧"人卫口腔"二维码并关注"人卫口腔"微信公众号。
2. 请留言反馈您的宝贵意见和建议。

注意:留言请标注"口腔教材反馈 + 教材名称 + 版次",谢谢您的支持!

第三届全国高职高专口腔医学和口腔医学技术专业教材评审委员会名单

前　言

　　《口腔设备学》（第 2 版）根据"三基"原则（基本理论、基本知识、基本技能），按照教育部、国家卫生健康委员会"十三五"全国高职高专口腔医学和口腔医学技术专业第四轮规划教材的要求，进行修订。口腔设备学内容丰富，涉及理工学、材料学、口腔生物力学、口腔生物工程学、口腔材料学、医院管理学和口腔临床医学等多学科知识，特别具有理、工、医相互交叉的鲜明特征。目前，大多数口腔医学院校已将该书作为教材，为口腔医学生开设了口腔设备学课程，这对增强学生的操作技能，提高口腔医学的教学质量起到了积极的作用。

　　本书在基本保留上版教材的基础上，进行了如下修订：正文中根据教学内容需要，通过"知识拓展"介绍新设备和新技术；第二、三、四、五章按照临床应用的技术层次，进行了重新设置。增加了根管治疗设备的内容。对第三章修整、切割、打磨、抛光设备的内容进行了重新整合与编排。第四章铸造烤瓷设备部分，学习目标中的内容按照技工加工程序重新进行了顺序修改。修订后涉及教学内容更丰富，更利于学生掌握，实用性更强。

　　在编写过程中，我们严格遵照教学计划和教学大纲，遵循理论与实践、基础与应用、理工学与口腔医学相结合的原则。在编写内容上争取做到先进性和科学性，既保留了常用口腔设备的基本特征，又反映了现代口腔设备的进展。在文字上力求言简意赅，通俗易懂，在内容上定义准确、概念清晰、结构严谨，使用规范的名词术语和法定计量单位，具有较强的知识性、实用性和科学性，符合口腔医学教育的发展现状。编写遵循以服务为宗旨、以就业为导向、以岗位需求为标准的职业教育办学指导思想，准确地定位了口腔医学教育的培养目标。本书体现了口腔医学教育贴近社会、贴近岗位、贴近学生的指导思想，同时注重培养学生的综合职业能力、良好的职业道德以及创业能力和创新精神。

　　本教材供口腔医学、口腔医学技术专业学生和教师使用，也是广大口腔医师、口腔技师和口腔设备管理、维修、生产、销售人员的参考书。

　　在本教材的编写过程中，各位参编老师协同合作，各章节负责人为本教材的编写付出了较大的努力，在此一并表示最衷心的感谢。

　　由于口腔医学技术发展迅速，加之编者能力和编写时间有限，本教材疏漏之处在所难免，敬请读者不吝赐教。

李新春

2020 年 5 月于开封

目　录

第一章　概论···1

　第一节　口腔设备学概况···1

　　一、口腔设备学的含义和内容···1

　　二、口腔设备学的形成与发展···2

　　三、口腔设备学的研究内容及学习方法··2

　第二节　口腔设备简介···3

　　一、口腔设备的标准及监督管理··3

　　二、口腔医疗设备···3

　　三、口腔工艺设备···5

第二章　口腔医疗设备···8

　第一节　口腔综合治疗机···8

　　一、口腔综合治疗台···9

　　二、口腔治疗椅···12

　第二节　牙科手机···13

　　一、高速手机···13

　　二、低速手机···16

　第三节　光固化机···17

　　一、卤素光固化机··18

　　二、LED 光固化机··19

　第四节　超声波洁牙机···21

　　一、结构与工作原理···21

　　二、操作常规及注意事项··22

　　三、维护保养···23

　　四、常见故障及处理···23

　第五节　根管治疗设备···24

　　一、根管长度测量仪···24

　　二、根管预备动力系统··25

三、热牙胶充填器 ……………………………………………………………………… 27

四、根管显微镜 …………………………………………………………………………… 28

第六节　冷光美白仪 ……………………………………………………………………… 30

一、结构与工作原理 …………………………………………………………………… 30

二、操作常规 ……………………………………………………………………………… 31

三、维护保养 ……………………………………………………………………………… 31

四、常见故障及处理 …………………………………………………………………… 31

第七节　口腔消毒灭菌设备 …………………………………………………………… 31

一、结构与工作原理 …………………………………………………………………… 32

二、操作常规 ……………………………………………………………………………… 32

三、维护保养 ……………………………………………………………………………… 32

四、常见故障及处理 …………………………………………………………………… 33

第八节　口腔种植机 ……………………………………………………………………… 34

一、结构与工作原理 …………………………………………………………………… 34

二、操作常规 ……………………………………………………………………………… 34

三、注意事项 ……………………………………………………………………………… 35

四、维护保养 ……………………………………………………………………………… 35

五、常见故障及处理 …………………………………………………………………… 35

第九节　口腔医学影像设备 …………………………………………………………… 36

一、口腔 X 线机 ………………………………………………………………………… 36

二、口腔 X 线片自动洗片机 ………………………………………………………… 39

三、口腔曲面体层 X 线机 …………………………………………………………… 40

四、口腔颌面锥形束 CT ……………………………………………………………… 42

第十节　口腔激光治疗机 ……………………………………………………………… 45

一、结构与工作原理 …………………………………………………………………… 45

二、操作常规 ……………………………………………………………………………… 46

三、注意事项及维护保养 ……………………………………………………………… 46

四、常见故障及处理 …………………………………………………………………… 47

第三章　修整、切割、打磨、抛光设备 ……………………………………………… 49

第一节　模型修整机 ……………………………………………………………………… 49

一、结构与工作原理 …………………………………………………………………… 50

二、技术参数 ……………………………………………………………………………… 50

三、操作常规及注意事项 ……………………………………………………………… 50

四、常见故障及排除方法 ……………………………………………………………… 51

第二节　技工用打磨机 …………………………………………………………………… 51

一、微型电动打磨机 …………………………………………………………………… 51

二、多功能切割、打磨、抛光机 …………………………………………………… 54

第三节　电解抛光机 ··· 56
　一、结构与工作原理 ··· 57
　二、操作常规及维护保养 ··· 57
　三、常见故障及排除方法 ··· 57

第四章　铸造烤瓷设备 ··· 60
第一节　琼脂溶化器 ··· 60
　一、结构与工作原理 ··· 60
　二、技术参数 ··· 61
　三、操作常规 ··· 61
　四、维护保养 ··· 62
第二节　真空搅拌机 ··· 62
　一、结构与工作原理 ··· 63
　二、技术参数 ··· 63
　三、操作常规 ··· 63
　四、维护保养 ··· 63
　五、常见故障及处理 ··· 64
第三节　箱型电阻炉 ··· 64
　一、结构与工作原理 ··· 64
　二、技术参数 ··· 65
　三、操作常规 ··· 65
　四、维护保养 ··· 65
　五、常见故障及处理 ··· 65
第四节　中熔、高熔铸造机 ··· 66
　一、普通离心铸造机 ··· 67
　二、高频离心铸造机 ··· 67
　三、真空加压铸造机 ··· 70
　四、钛金属铸造机 ··· 72
第五节　喷砂机 ··· 79
　一、结构与工作原理 ··· 79
　二、技术参数 ··· 79
　三、操作常规 ··· 80
　四、注意事项 ··· 80
　五、维护保养 ··· 80
　六、常见故障及处理 ··· 80
第六节　超声波清洗机 ··· 81
　一、结构与工作原理 ··· 81
　二、技术参数 ··· 81

三、操作常规 …………………………………………………………… 82

四、维护保养 …………………………………………………………… 82

五、常见故障及处理 …………………………………………………… 82

第七节　烤瓷炉 …………………………………………………………… 82

一、结构与工作原理 …………………………………………………… 82

二、技术参数 …………………………………………………………… 84

三、操作常规 …………………………………………………………… 84

四、维护保养 …………………………………………………………… 85

五、常见故障及处理 …………………………………………………… 85

第五章　其他口腔工艺设备 ……………………………………………… 87

第一节　口腔多功能技工台 ……………………………………………… 87

一、结构与工作原理 …………………………………………………… 87

二、操作常规 …………………………………………………………… 88

三、维护保养 …………………………………………………………… 89

四、常见故障及处理 …………………………………………………… 89

第二节　焊接设备 ………………………………………………………… 89

一、牙科点焊机 ………………………………………………………… 90

二、激光焊接机 ………………………………………………………… 91

第三节　技工振荡器 ……………………………………………………… 93

一、结构与工作原理 …………………………………………………… 93

二、操作常规 …………………………………………………………… 94

三、维护保养 …………………………………………………………… 94

四、常见故障及处理 …………………………………………………… 94

第四节　牙科种钉机 ……………………………………………………… 94

一、结构与工作原理 …………………………………………………… 95

二、操作常规 …………………………………………………………… 95

三、维护保养 …………………………………………………………… 95

四、常见故障及处理 …………………………………………………… 96

第五节　隐形义齿设备 …………………………………………………… 96

一、结构与工作原理 …………………………………………………… 96

二、操作常规 …………………………………………………………… 98

三、维护保养 …………………………………………………………… 98

四、常见故障及处理 …………………………………………………… 98

第六节　牙科吸塑成形机 ………………………………………………… 99

一、结构与工作原理 …………………………………………………… 99

二、操作常规 …………………………………………………………… 100

三、维护保养 …………………………………………………………… 100

四、常见故障及处理 ………………………………………………… 100

第七节　CAD/CAM 系统 …………………………………………… 101

一、结构与工作原理 ………………………………………………… 101

二、操作常规 ………………………………………………………… 103

三、维护保养 ………………………………………………………… 103

四、常见故障及处理 ………………………………………………… 103

第八节　电脑比色仪 ………………………………………………… 104

一、结构与工作原理 ………………………………………………… 104

二、操作常规 ………………………………………………………… 105

三、维护保养 ………………………………………………………… 105

四、常见故障及处理 ………………………………………………… 105

第九节　平行观测研磨仪 …………………………………………… 105

一、结构与工作原理 ………………………………………………… 106

二、操作常规 ………………………………………………………… 106

三、维护保养 ………………………………………………………… 107

四、常见故障及处理 ………………………………………………… 107

第十节　牙科 3D 打印系统 ………………………………………… 107

一、结构与工作原理 ………………………………………………… 108

二、操作常规 ………………………………………………………… 109

三、维护保养 ………………………………………………………… 109

四、常见故障及处理 ………………………………………………… 109

第六章　口腔设备管理 ……………………………………………… 111

第一节　口腔设备管理概述 ………………………………………… 111

一、口腔设备管理的意义 …………………………………………… 111

二、口腔设备管理的任务和内容 …………………………………… 112

三、口腔设备管理的机构和系统 …………………………………… 112

第二节　口腔设备的配备管理 ……………………………………… 112

一、口腔设备配备的原则 …………………………………………… 112

二、口腔设备的配备评价 …………………………………………… 113

第三节　口腔设备的应用管理 ……………………………………… 114

一、口腔设备应用管理的目的和内容 ……………………………… 114

二、口腔设备应用管理的原则 ……………………………………… 114

三、口腔设备应用管理的常用方法 ………………………………… 116

第四节　口腔设备的维护管理 ……………………………………… 117

一、口腔设备维护的意义 …………………………………………… 117

二、口腔设备维修的内容 …………………………………………… 117

三、口腔设备维护的评估 …………………………………………… 118

参考文献··· 119

附录：实训教程··· 120

　　实训一　口腔综合治疗机和手机的操作与维护··· 120

　　实训二　修整、切割、打磨、抛光设备的操作与维护·· 121

　　实训三　铸造烤瓷设备的操作与维护·· 122

　　实训四　其他口腔工艺设备的操作与维护·· 123

第一章 概 论

 学习目标

1. 掌握：口腔医疗设备和口腔工艺设备的种类。
2. 熟悉：口腔设备的分类。
3. 了解：口腔设备学的含义、内容、发展历史及其学习方法。

　　口腔设备是口腔医学技术装备的组成部分，国际上称为牙科设备，主要指用于口腔医学领域的具有显著口腔医学专业技术特征的医疗、教学、科研、预防的仪器设备的总称。

　　口腔设备按其应用分为：①口腔基本设备，指口腔各科共用的设备，如口腔综合治疗机、牙科手机、光固化机、洁牙机、口腔消毒灭菌设备等；②口腔内科设备，指口腔内科治疗牙体牙髓病等的设备，如根管长度测量仪、热凝牙胶根管充填机、银汞合金搅拌机等；③口腔修复设备，指口腔修复工艺设备，主要用于牙体缺损、牙列缺损和牙列缺失修复的设备。按制作修复体的种类及加工工艺过程的不同又可分为成膜设备（如琼脂搅拌器、石膏模型修整机、模型灌注机、模型切割机以及平行观测研磨仪等）、交联聚合设备、金属铸造设备、烤瓷设备、陶瓷修复设备、打磨抛光设备和其他辅助设备、CAD/CAM 计算机辅助设计与制作系统等；④口腔颌面外科设备，指用于口腔颌面部疾病以及颞下颌关节疾病等的诊断和治疗设备，包括各类手术设备、麻醉管理系统、监护仪、颞下颌关节内窥镜等；⑤口腔影像成像设备，指用于牙体、牙周、颌面及颞下颌关节疾病诊断的设备，如牙科 X 线机、全自动牙片洗片机、口腔曲面体层 X 线机、锥形束 CT、B 超及电子颅颌面定位测量系统、面部形态测量分析系统等。

第一节　口腔设备学概况

一、口腔设备学的含义和内容

　　口腔设备学是在口腔医学的临床实践中逐步发展而形成的一门新的学科。其内容丰富，涉及物理学、机械学、生物医学工程学、管理学、口腔材料学和口腔临床医学等多学科知识，它是在总结口腔医学设备的生产、使用、保养、维修和管理的基础上，结合当前口腔修复技术的实践,从口腔医学的发展和需求出发,综合运用自然科学和社会科学的理论与方法,研究和探讨我国在新的历史条件下口腔工艺设备运行和发展的一门学科,体现了口腔设备发展的现状和水平,对口腔医学工作起到良好的支持和推动作用。

二、口腔设备学的形成与发展

口腔设备是在口腔诊疗、修复和修复体加工制作活动中逐步产生和发展起来的系列配套机械。特别是自 20 世纪 50 年代以来,随着社会经济的不断发展和科技的进步,以及口腔材料的研发,促使口腔设备有了飞速发展,从其发展过程可以看出,每当口腔设备更新换代,口腔医学的理论与技术就会出现一次变革,充分显示了口腔设备对口腔医学的推动作用。1990 年在由国内知名口腔医学专家和口腔设备管理人员参加的口腔设备管理研讨会上,与会代表认真分析了目前我国口腔设备的研发、应用、维修与管理现状,确立了口腔设备在口腔医疗和口腔医学教育中的地位和作用,一致认为有必要设立口腔设备学课程,并使用统一教材。1994 年由张志君、沈春主编的我国第一本《口腔设备学》教材的出版,极大地促进了口腔设备学的发展,为口腔设备学形成独立的学科奠定了良好的基础。

1995 年,华西医科大学口腔医学院率先开设了口腔设备学课程,并将其定为必修课。1996 年以后各口腔医学院校也相继开设口腔设备学课程。

目前,《口腔设备学》已成为口腔医学生、口腔医师、口腔技师、口腔设备管理维修和销售人员以及口腔医疗器械厂商的教科书和工具书。口腔设备属医学技术装备范畴,它是口腔医学的重要组成部分,属口腔医学的分支学科,其发展与理工学、经济学、口腔修复学、口腔工艺技术学、口腔生物力学、口腔生物工程学、医院管理学、社会学等的发展有着极其密切的关系,具有理、工、医学相互交叉的显著特征。口腔设备学是根据中国国情而设立的,具有中国特色的一门新兴学科。

三、口腔设备学的研究内容及学习方法

（一）研究内容

1. 口腔设备的研制、利用及发展的规律。

2. 常用口腔设备的基本功能、组成结构、操作规程等。

3. 口腔设备的管理（计划管理、装备管理、应用管理、维修管理）及维护方法。

4. 口腔医疗装备的布局设施与环境要求。

5. 口腔设备的使用方法及注意事项。

（二）学习方法

开设本课程将帮助学生熟悉口腔医疗设备的基本知识,正确掌握常用的口腔设备的使用、维护、保养及管理等基础理论和基本技能,对提高学生在临床实践中认识和掌握设备的装备、操作与保养的动手能力,提高设备的使用率,发挥其效益有重要的意义。

本课程安排在口腔医学专业课教学的后期阶段,共 20 学时左右。理论与实践比例为2:1。其内容既强调本学科的基础理论、基本知识和基本技能,在突出重点的同时,也会介绍现代口腔设备学发展的新知识、新技术和新的科技成果。

在教学中将贯彻理论与实践相结合的原则,采用现代化教学手段,进行课堂讲授、课

堂讨论、自学、实习、见习等环节,注意培养学生分析问题和解决问题的实际能力。使其养成具有独立进行常规口腔设备的操作使用、维护保养以及筹建口腔诊所设计与装备的能力。

知识拓展

历史知识

　　1790年,John Green Wood修改了一个纺纱轮,创造出了用脚做动力的牙科钻机。

　　1840年,纽约的John D. Chevalier开始生产牙科设备,建立了第一个牙科设备供应公司。

　　1864年,英国的George Fellows Hanington为第一个电动机驱动的牙钻申请专利。

第二节　口腔设备简介

一、口腔设备的标准及监督管理

　　口腔设备的标准包括:产品标准、安全标准和技术要求,是评价口腔设备的质量和性能的技术文件。

　　口腔设备的监督管理组织有:①国际标准化组织(international standards organization, ISO)下设牙科技术委员会,即ISO/TC 106－dentistry;②口腔材料和器械设备标准化技术委员会,1987年成立;③国家药品监督管理局于2000年对医疗器械的生产、经营、注册出台了一系列监督管理办法。

二、口腔医疗设备

　　口腔医疗设备品种繁多,可分为口腔基本设备、口腔内科设备、口腔颌面外科设备和口腔影像成像设备。

(一)口腔基本设备

　　口腔基本设备主要是指口腔专业各科共用的设备,如:口腔综合治疗机、牙科专用高低速手机、光固化机、口腔科专用消毒灭菌设备等。

　　1.口腔综合治疗机　是指机、椅分离的综合治疗机,一般由供排水及供气系统、照明灯、痰盂、三用枪、吸唾器、观片灯、切削器械等几部分组成。按其配备的手机动力不同又可分为两种类型:一种是带气动手机的综合治疗机,含高速手机和低速气动马达手机,此种综合治疗机如配上联动的牙椅则构成综合治疗台;另一种是只带有电动手机的综合治疗机,具有体积小、操作方便、性能稳定、故障发生率较低、便于维修等特点,适用于基层单位。

　　2.牙科专用高低速手机　牙科手机是口腔科必备的设备之一。根据不同用途,有多种类型。本书主要介绍高速手机、低速手机和电动牙钻机手机的工作原理、日常维护。

　　3.光固化机　光固化机亦称光敏固化机,是用于聚合光固化复合树脂修复材料的卤素光装置。随着复合树脂材料的发展,复合树脂材料的固化早已由最初的化学固化逐步发展为光照射固化。最新研制出的新型可见光复合树脂材料，具有理化性能好、色泽自然美观、表面光洁、种类齐全、便于成型和抛光等优点。但这种材料必须在可见光范围内特定波长的光照下才能固化，光固化机就是为这种材料提供特定波长冷光照射的设备。目前，光固化机及复合树脂材料已在国内外普遍应用，使牙体疾病的修复治疗获得了良好的效果。这一技术的产生不但扩大了牙病的治疗和修复范围，而且满足了人们对面部美观的要求，适应现代口腔医学美学发展的需求。

4. 口腔消毒灭菌设备 医源性感染是感染的一种重要途径，因而手机的回吸和污染器械的消毒尤其重要。常用的方法有高温高压蒸汽灭菌法、干热灭菌法和化学灭菌法，通过医学实验证明，灭菌效果最理想的是高温高压蒸汽灭菌法。现代高温压力蒸汽灭菌器已具备以下特征：预真空，电子化，由微处理器控制；加热灭菌快速、可靠，具有多个消毒程序可选；数字显示消毒时间、温度和压力；设有灭菌效果监测和故障自检功能；有多重安全保护装置，包括安全排气阀及过热自动断电系统等；可外接打印机或电脑。

5. 口腔种植机 是用于口腔种植修复中形成种植窝时使用的一种新型口腔修复设备。现代口腔种植机是在微电脑控制下应用，此设备能准确测量牙槽骨的厚度、牙槽窝的深度、骨密度、并配有多种功能的工作头，选择合适的种植机及其配件是减少骨损伤，提高种植体与种植窝密合度的重要措施，对提高种植成功率具有重要意义。

（二）口腔内科设备

主要用于牙体、牙髓、牙周及口腔黏膜等疾病的诊断和治疗的设备，如根管长度测量仪、超声波洁牙机、汞合金调拌器等。

（三）口腔颌面外科设备

口腔颌面外科设备主要用于口腔颌面部疾病（如肿瘤、外伤、整形等）以及颞下颌关节疾病的诊断和治疗设备，包括各类手术设备、麻醉设备、监护仪等。

颞下颌关节内窥镜就是利用光导纤维及多透镜光路系统成像的装置。该装置可对细小的颞下颌关节上、下腔内关节滑膜、软骨面及关节盘的早期亚临床病变进行观察和记录。利用穿入关节腔的套管通路，对关节腔内的纤维粘连、絮状物等进行剥离和灌洗，钳取病理标本进行活组织检查，吸取滑液进行相关分析，并以装在位于手机内的微型电机为动力，对病变的关节腔内各组织面进行刨削、打磨。颞下颌关节内窥镜属于关节内窥镜诊断设备，具有检查直观、清楚，创伤小，诊断与治疗共用等特点。

（四）口腔影像成像设备

口腔影像成像设备主要用于牙体、牙周、颌面及颞下颌关节疾病的诊断。包括口腔X线机、口腔X线片洗片机、口腔曲面体层X线机、锥形束CT、B超等。

1. 口腔X线机 口腔X线机简称牙片机，是拍摄牙及其周围组织的设备，主要用于拍摄牙片、根尖片、咬合片及𬌗翼片等。牙片机分为壁挂式、坐式、便携式和附设于综合治疗台式四种类型，壁挂式常固定在墙壁上或悬吊在顶棚上；坐式又分为可移动型或不可移动型；便携式体积小，便于携带，适用于野外口腔临床诊疗需求；附设于综合治疗台式适合于口腔科医师在诊断治疗室内拍摄，但无防护设施，目前使用较少。

2. 口腔X线片自动洗片机 口腔X线片自动洗片机为冲洗口腔科X线片的专用设备。X线片洗片机主要分为三型：一种为冲洗普通X线片的机器；另一种为冲洗牙片的专用洗片机；第三种是混合洗片机，可冲洗各种X线片。后两种均称为口腔X线片自动洗片机。

3. 口腔曲面体层 X 线机　分为普通口腔曲面体层 X 线机和数字化口腔曲面体层 X 线机两种,主要用于拍摄上下颌骨、上下颌牙列、颞下颌关节、上颌窦等。近年来,口腔曲面体层 X 线机增设了头颅定位仪,可进行头影测量 X 线摄影,适合正畸和口腔颌面部整形临床工作的需求。

知识拓展

历史知识

21 世纪口腔治疗方法将从解决局部问题(拔牙和牙体缺损的修复)转变为解决系统问题(牙𬌗构建和重建),并将发展一批记录、评价、预测牙𬌗系统结构和功能的设备器材,能测量牙体移位、颌面部肌电位与牙体移位关系的仪器,如下颌运动轨迹扫描、关节音、肌电记录三者合一的下颌运动诊断系统,能在三维空间内精确地追踪、显示和记录下颌运动,能全面测量患者的颞下颌关节、咀嚼肌运动与咬合力及咬合关系。

三、口腔工艺设备

口腔工艺设备是指用于牙体缺损、牙列缺损和牙列缺失时修复及牙颌畸形矫治所用的设备,根据制作工艺的不同可分为成膜设备、交联聚合设备、金属铸造设备、金属焊接设备、陶瓷修复设备、打磨抛光设备,CAD/CAM 计算机辅助设计制作系统等。

(一)成膜设备

成膜设备是用于制作模型和代型的设备,包括琼脂搅拌机、石膏模型修整机、模型灌注机、石膏切割机及平行观测研磨仪等。

1. 琼脂搅拌机　琼脂搅拌机有升温溶化琼脂的作用,可自动加热、自动搅拌、自动恒温、自动冷却。由温度控制系统和电动搅拌系统构成,主要装置包括琼脂锅、加热线圈、搅拌器、温控表、放料球阀、放料口、机壳前面板、电源开关(红色)、低温保温开关(蓝色)、解冻搅拌开关(绿色)等。

2. 石膏模型修整机　石膏模型修整机是口腔修复技工室修整石膏模型的专用设备。根据修整部位的不同分为石膏模型外部修整机和内部(舌侧)修整机,内部修整机的磨头多为硬质合金,有多种形状。根据外形不同又可分为台式修整机和立式修整机。

(二)交联聚合设备

交联聚合设备主要是用于制作塑料复合树脂等高分子材料修复体的设备。包括金属型盒、微波热处理型盒聚合器、光固化机等。

(三)隐形义齿成型设备

隐形义齿成型设备是用于制作隐形义齿(又称弹性仿生义齿)的注塑成型装置,包括注压机、温度控制器、专用型盒及型盒夹具等。

(四)牙科铸造设备

1. 箱型电阻炉　箱型电阻炉又称预热炉或茂福炉,主要用于口腔修复体铸件及铸圈的加温预热。

2. 高频离心铸造机　高频离心铸造机是口腔修复科常用的技工设备,用于各类中、高熔合金如钴铬合金、镍铬合金的熔化和铸造，以获得义齿支架、嵌体、冠桥等铸件。

3．真空加压铸造机　真空加压铸造机是一种新型的铸造机，由微电脑控制，可自动或手动完成各种牙科合金的熔化和差压式（加压或加压同时加吸）铸造。具有铸造成功率高、操作简便、铸件的理化性能稳定的优点。

4．钛铸造机　钛铸造机是一种主要用于制作钛铸件的铸造机。目前多采用离心、加压、吸引三力合一的原理制造，兼有真空铸造、压力铸造和离心铸造的特点，不仅可用于纯钛的铸造也可用于钛合金、贵金属合金、镍铬合金、钴铬合金等多种合金的精密铸造。

（五）牙科打磨装置

1．技工用微型打磨机　技工用微型打磨机又称微型技工打磨机，是口腔技工在制作各类口腔修复体时用于打磨、切削、研磨的动力装置。

2．技工抛磨机　技工抛磨机是口腔技工室的常用设备，用于铸件、义齿等的打磨抛光。

3．金属切割抛磨机　金属切割抛磨机用于金属铸件的切割和义齿的打磨、抛光等。良好的金属切割打磨机应具有性能稳定、噪音小、防震动、防尘好及操作简便等优点。常用的有台式和便携式。

4．喷砂机　喷砂机用于机械清除牙科修复体铸件（冠桥、支架、卡环）表面残留物的设备，可与铸造机配套使用。

5．电解抛光机　电解抛光机是利用电化学的腐蚀原理，对金属铸件表面进行电解抛光的专用设备。

6．超声波清洗机　超声波清洗机是利用超声波产生振荡，对口腔修复体表面进行清洗，主要用于烤瓷、烤塑金属冠等形状复杂的高精密铸件的清洗。

（六）牙科焊接机

1．牙科点焊机　牙科点焊机是用于焊接金属材料的设备，主要用于各类义齿支架、固定桥金属件和各类矫正器的焊接。

2．激光焊接机　激光焊接机是现代义齿加工的重要设备之一，主要用于贵金属、非贵金属及钛合金间的焊接。该技术不同于传统焊接方式，系无焊接剂焊接。其具有生物兼容性高、利于环保、焊接牢固、操作简便等优点。

（七）真空烤瓷炉

真空烤瓷炉是口腔修复科的重要设备之一，主要用于金属烤瓷熔附全冠外部瓷层的烧结。常用的烤瓷炉从外形分为卧式和立式两类，立式应用较广。目前烤瓷炉大多具有真空功能，所以这一类烤瓷炉又称真空烤瓷炉。

（八）电脑比色仪

电脑比色仪是一种采用微电脑控制的辨色系统，不受比色者技巧经验以及外界环境的影响，通过量化自然牙色所具有的色彩三维结构（色相、色度、明度）的数值而准确地将颜色以数字的形式传递给技师的专用仪器。其具有比色精确度高、使用方便等特点。

（九）平行观测研磨仪

平行观测研磨仪是主要用于牙科技工平行度观测、研磨、钻孔的仪器，由底座、垂直调节杆、水平摆动臂、研磨工作头、万向模型台、工作照明灯、控制系统以及切削杂物盘等部件组成。

（十）计算机辅助设计与制作系统（CAD/CAM）

CAD/CAM 是以计算机技术为核心的口腔修复体的"微型"加工厂。它既能在牙椅旁即刻完成所需修复体的设计与制作，也可在义齿制作室完成相应修复体的设计和制作。它将成为 21 世纪最具有前途的义齿制作技术之一。

（十一）牙科 3D 打印系统

牙科 3D 打印系统即快速成型技术的一种，它是一种以数字模型文件为基础，运用粉末状金属或塑料等可黏合材料，把数据和原料放进 3D 打印机中，通过逐层打印的方式来构造物体的技术，即机器会按照程序把产品一层层"堆"出来。牙科 3D 打印技术实质是将牙科 CAD 与 3D 打印机结合，医师或技师可在数字化模型上设计修复体，将数据输入 3D 打印机进行打印。目前国内可以打印出义齿基托、重建树脂颌骨以及牙齿，该系统具有制作高速、高分辨率、高精度 3D 实体模型等优点。

小 结

本章概括性地叙述了口腔设备学的含义、内容及其形成和发展，简单介绍了口腔设备的不同分类和内容；概括性地介绍了口腔医疗和口腔工艺设备，同时讲解了口腔设备学的研究内容及学习方法，为学生学习《口腔设备学》奠定了基础，起到了引导和辅助作用。

思考题

1. 常见的口腔基本设备有哪些？
2. 常见的口腔修复设备有哪些？
3. 掌握口腔设备的意义是什么？

（李新春）

第二章　口腔医疗设备

学习目标

1. 掌握：口腔综合治疗机、牙科手机、光固化机、超声波洁牙机、根管治疗设备的工作原理、操作常规、维护保养、注意事项及常见故障的处理。

2. 熟悉：冷光美白仪、口腔种植机、口腔激光治疗机的工作原理、操作常规、维护保养、注意事项及常见故障的处理。

3. 了解：口腔消毒灭菌设备、口腔医学影像设备的工作原理、操作常规、维护保养、注意事项及常见故障的处理。

口腔医疗设备主要用于协助临床诊断和治疗口腔疾病，它是口腔各科进行医疗工作的基础，也是必不可少的。它主要包括口腔综合治疗机、牙科手机、光固化机、超声波洁牙机、根管治疗设备、冷光美白仪、口腔消毒灭菌设备、口腔种植机、口腔医学影像设备、口腔激光治疗机等常见设备。

第一节　口腔综合治疗机

口腔综合治疗机是口腔医疗工作中最主要的技术设备，口腔科医师对患者的口腔检查、疾病诊断，特别是口腔疾病的治疗主要在此设备上进行，它主要由口腔综合治疗台和口腔治疗椅两部分组成。口腔综合治疗台按其配备的手机动力不同又可分为两种类型，一种是只带有电动手机的口腔综合治疗台，该机具有体积小、操作方便、技术性能稳定、故障发生率较低、便于维修等特点，适用于基层单位。另一种是带气动手机的口腔综合治疗台，含高速手机和低速气动马达手机，此种口腔综合治疗台如配上联动的口腔治疗椅则构成口腔综合治疗机（图 2-1）。

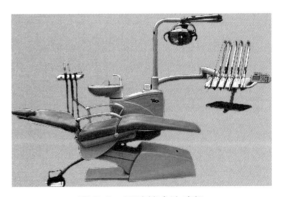

图 2-1　口腔综合治疗机

一、口腔综合治疗台

（一）结构与工作原理

1. 带电动手机的口腔综合治疗台　主要由机体、电动机及三弯臂、冷光手术灯、器械盘、痰盂及排污管、脚控开关等组成。

2. 带气动手机的口腔综合治疗台　除动力源不同外，其基本结构同带电动手机的口腔综合治疗台。其动力源主要来自气路和水路。

（1）气路系统：由气源引出压力为 0.5～0.7MPa 的压缩空气，进入地箱后，通过气开关进入空气过滤器滤除气体中的水分和杂质后，送至手机的驱动气体控制部分、冷却水雾气控水阀和负压发生器的气控水阀。手机的驱动气体经控制开关传输至手机压力调节开关，经调定后，气体驱动手机旋转。工作原理如图 2-2。

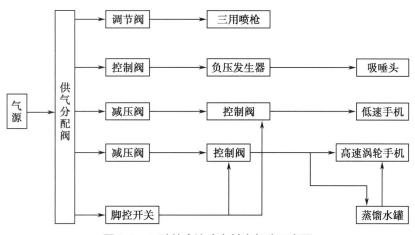

图 2-2　口腔综合治疗台基本气路示意图

手机驱动气体调定值一般为：

高速手机：工作压力 0.2MPa，耗氧量 35L/min，最大转速 350 000r/min。

低速气动马达手机：工作压力 0.3MPa，耗氧量 55L/min，最大转速 15 000r/min。

（2）水路系统：通常采用压力为 0.2MPa 的自来水过滤后，进入手机的冷却水的气控水阀和负压发生器的气控水阀，再分别进入手机的水雾量调节开关，给手机提供冷却水雾的水源和进入负压发生器产生吸唾器所需的负压。工作原理如图 2-3。

（3）电路系统：口腔综合治疗台的工作电压为交流 220V、50Hz，控制电路电压一般在24V。工作原理如图 2-4。

3. 工作原理　打开空气压缩机电源开关，产生压力为 0.45～0.60MPa 的压缩空气，以供机头使用，打开地箱控制开关，水源、气源及电源均接通。打开冷光手术灯电源开关灯即亮，并分别按动牙椅升、降、仰、俯动作。拉动器械台上的三用喷枪机臂，分别按动水、气按钮，可获得喷水和喷气。若同时按动水、气按钮，可获得雾状水，以满足治疗的不同需要。拉动器械台的高低速手机机臂，踩下脚控开关，压缩空气和水分别进入气路系统和水路系统的各控制阀到达机头，驱动涡轮旋转，从而带动车针旋转，达到钻削牙的目的。车针旋转的同时有洁净的水从机头喷出，以降低钻削牙时产生的温度。放松脚控开关，机头停止旋转。医师可根据患者的病情，选择高速和低速手机。工作原理如图 2-5。

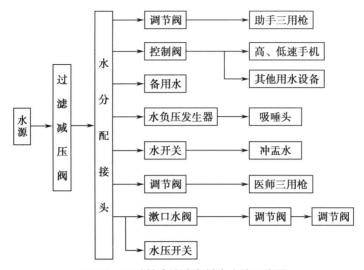

图 2-3 口腔综合治疗台基本水路示意图

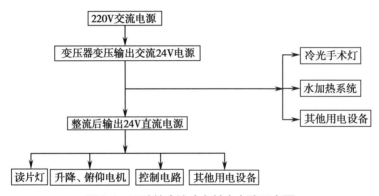

图 2-4 口腔综合治疗台基本电路示意图

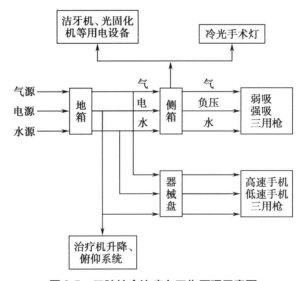

图 2-5 口腔综合治疗台工作原理示意图

口腔综合治疗台的主要技术参数：供气压力 0.45～0.5MPa，最大耗气量 100～200L/min，现场水压 0.2MPa。

（二）操作常规及维护保养

1. 先启动连接线箱上的电源开关，再启动器械台上的水气开关。供电电压应符合要求，一般为 220V±10%。水压力应符合口腔综合治疗机的技术指标 0.2MPa。

2. 正确使用牙科综合治疗台的升、降、俯、仰按钮及自动复位按钮。

3. 治疗前应将空气过滤器上的排气阀开启，排气若干分钟，直至排出的气体不含油、水为止。

4. 器械台的设计荷载重量一般为 2kg 左右，切忌在器械台上放置过重的物品，以防破坏其平衡，造成器械台损坏。

5. 使用涡轮手机前后，应将其对准痰盂，转动并喷雾 30 秒，以便将手机尾管中回吸的污物排出，防止发生交叉感染。高、低速机头及三用喷枪、洁牙机头用完后，应及时放回挂架。

6. 吸唾器和强吸器在每次使用完毕后，吸入一定量的清水，对管路、负压发生器等元件进行清洗，以防堵塞。

7. 水杯注水的速度应调至适当，以防止向外喷溅和溢出，污染治疗环境。

8. 工作一段时间后，手术灯反光镜表面会有浮尘影响其效果，应定期将其擦净。

9. 手机的操作和维护应严格遵照相关的技术资料推荐的方法进行。

10. 手术灯在不用时应随时关闭，因反光镜有透射热的作用，如长时间连续使用，会导致手术灯后部过热而损坏。

11. 每日治疗完毕都应用洗涤剂清洗痰盂，不得使用酸、碱等带有腐蚀性的洗涤剂，以防损坏管道和内部元件。

12. 每日停诊后，应用合适的消毒剂对设备表面进行擦拭，以保护整机外表清洁、美观。此外，还应将治疗椅复位到预设位，再关闭电源开关，并放掉空压机系统内的剩余空气。

13. 定期检查电源，电压、水压和气压必须符合本机工作要求，管路必须通畅。

（三）常见故障及处理

口腔综合治疗台的常见故障及处理见表 2-1。

表 2-1　口腔综合治疗台的常见故障及处理

故障现象	可能原因	处理
手机转速慢，强吸无力	压缩空气压力不足	将气压调至 0.5～0.7Mpa
	气管漏气	检查气管、更换气管
	主气路阀门未开启	修复更新主气路阀门
	气管弯曲和堵塞	疏通堵塞处并排除堵塞
手机无冷却水雾	手机喷水口堵塞	清理手机喷水口
	水雾量阀未开启	重新调整或更新水雾量阀
	水管堵塞或压瘪	重新摆放水管
高速手机转速过快并有啸叫声	工作气压偏高	将压力调整到手机额定工作值
	高速手机错装在低速手机的气动马达接口上	重新正确安装

续表

故障现象	可能原因	处理
冷光手术灯不亮	灯泡烧坏	更换灯泡
	灯脚接触不良或导线烧断	更换灯脚,焊接导线
	冷光手术灯开关接触不良	更换手术灯开关
吸唾器不吸水	吸唾阀失灵	更换吸唾阀的密封胶垫
	吸唾器过滤网堵塞	清洗吸唾器过滤网
	吸唾器的管道堵塞	疏通吸唾器管道
吸唾器吸水不足	空压机压力不足	检查空压机压力
手机接头无气无水	水气阀关闭	开启水气阀
	线路故障	检查线路解除故障
治疗椅升降时有噪声	椅座、椅背油缸助动筒缺油	在助动筒处抹上少许液压油

二、口腔治疗椅

(一)结构与工作原理

1. 结构　口腔治疗椅又名牙椅,主要由底座、椅身、电动机(机械传动式)或电动液压机(液压传动式)、电子控制线路、手动及脚控椅位调整控制器、限位开关系统、椅座升降和背靠俯仰传动装置等组成(图2-6)。

2. 电路　牙椅的电路分主电路和控制电路两部分。

(1)主电路:由220V交流电作为动力电源,通过控制电路使电动机工作。

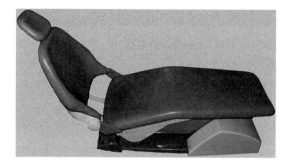

图2-6　口腔治疗椅

(2)控制电路:形式多样,根据控制功能和复杂程度,采用的辅助电源各不一样。控制电路常采用继电器方式,其线路简单,便于维修,维修成本较低。采用计算机芯片为核心的控制电路,电路较复杂,但控制功能强大,电路中常采用多组低压直流电源。

3. 工作原理　接通牙椅电源后,轻触所需动作的控制开关,控制电路驱动电动机开始运转,驱使传动机构工作使牙椅的椅座或背靠向所需的方位运动。当椅位达到所需合适位置时,手离开关,主电路立即断电,电动机停止转动,椅位固定。如果手或脚不离开控制开关,牙椅达到极限位置时,因升、降、俯、仰均设有限位保护装置,限位行程开关动作,断开动力主电源,牙椅自动停止。以微电子控制为核心的控制电路,可实现多种预置位设置,以满足多种治疗椅位的预设。只要轻触"-"键,便可使治疗椅自动调整到预设的椅位。

(二)操作常规

椅位移动控制为程序控制,按键可控制牙椅升或降、靠背俯或仰,自动到达预设位置,椅位存储记忆键可自动复位。

(三)维护保养

1. 保持牙椅外部清洁,防止硬物掉入机架内,以免造成卡位或损坏传动部件。

2. 在使用过程中,防止水或其他液体流入椅内,避免电器系统短路,烧毁电子元器件。

3．按动各个操作开关，不得用力过猛，以免损坏开关。

4．使用过程中如发现故障必须及时排除。首先应检查是否违反操作规程，造成失误。

5．避免频繁启动电动牙椅，以免烧坏电动机和其他电器组件。

6．工作完毕，应将椅位放至最低位，以防相关部件长时间受压而产生故障。

7．使用中如发现有异常噪声，或出现漏油和电器系统冒烟等异常现象，应立即切断电源，由专业维修人员检查维修。

8．电动牙椅的润滑油加注及电器系统的内部调整，应由专业维修人员定期进行。

9．为防止电动牙椅漏电造成事故，必须按照国家要求安装地线。

（四）常见故障及处理

口腔治疗椅的常见故障及处理见表2-2。

表2-2　口腔治疗椅的常见故障及处理

故障现象	可能原因	处理
操作所有开关均无动作	电源未接通	接通电源
	电路系统保险管烧坏	更换保险管
牙椅工作时有异常噪声而且运动迟缓	椅位保护开关动作故障	解除引起保护开关动作的故障
	有异物卡住传动系统或传动系统里有异物	排除异物，维修传动系统，加润滑油
升降、俯卧极限位置被卡死	丝杠变形和磨损，缺油	更换丝杠或加润滑油
液压椅座上升或靠背立起不到位	限位开关失灵	维修或更换限位开关
	限位凸轮移位	调整限位凸轮位置
	压缩机油缺失	添加压缩机油
椅位单个操作失灵	对应开关损坏或线路断路	更换开关，排除线路故障

第二节　牙　科　手　机

牙科手机是口腔科必备的器械之一。根据用途不同，有多种类型。本节主要介绍高速手机和低速手机。

一、高速手机

目前，临床常用的高速手机（图2-7）多为滚珠轴承式涡轮手机，滚珠轴承式涡轮手机具有切削力大、转速高（300 000～500 000r/min）、钻削形成窝洞时间短、车针转动平稳、使用方便等特点。常与口腔高速涡轮机和口腔综合治疗台配套使用，完成对牙体的钻、压、切、削及修复体的修整等。

（一）结构

高速手机主要由机头、手柄及手机接头组成（图2-8），分为小型、标准型、转矩型三种。根据车针装卸方式不同又可分为扳手式和按压式两种。

1．机头　由机头壳、涡轮转子、后盖组成。

（1）机头壳：为固定涡轮转子的壳体。

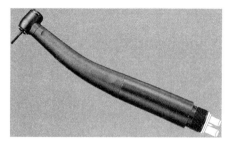

图2-7　高速手机

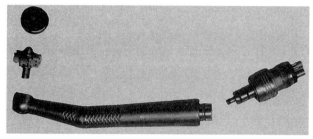

图2-8　高速手机的组成

（2）涡轮转子：为机头的核心部件，由夹持车针的夹轴、风轮和轴承组成。

（3）后盖：后部有"O"形圈以支持后轴承。

2. 手柄　是手机的手持部位，一般为空心圆管，内部有手机风轮驱动气管和水雾管。该水雾管一端直接与治疗机的水源连接，另一端在手机下方的出口，当钻机工作时，水雾正好喷在工作面上，冷却水雾的主要作用是：

（1）消除切削面的摩擦热。

（2）减轻切削操作对牙髓的刺激。

（3）清洁车针上的牙齿碎屑等附着物。

（4）减轻对牙周组织的损伤。

3. 手机接头　是手机与输水、气软管的连接件。手机接头有两种结构：

（1）螺旋式：用紧固螺帽连接。

（2）快装式：插入后用锁扣连接。

常用手机接头有2孔（大孔为进气孔，小孔为水雾孔）和4孔（最大孔为回气孔，第二大孔为进气孔，2个小孔分别为水雾进气孔和进水孔）两种。

（二）工作原理

滚珠轴承型涡轮手机的转动原理与风车相似，以洁净的压缩空气作为动力，利用压缩空气对风轮片施加推力，使其高速旋转。车针装于夹轴内，夹轴又固定于风轮轴芯，风轮带动夹轴高速旋转，从而带动了车针的同步转动进行钻削。工作过的废气从手机尾部排气孔排出。

高速手机的主要技术参数：工作气压≥220KPa，转速≥300 000r/min，功率≥16W，车针夹持力≥30N。

（三）操作常规

1. 使用合格的车针。对车针的要求应该十分严格，直径在1.59～1.60mm。

2. 正确装卸车针。装卸车针必须在夹簧完全打开的状况下进行，以免损害夹轴。车针要安装到底，否则会发生飞针事故。

3. 涡轮手机的驱动气压应在0.2～0.22MPa。压缩空气必须干燥、清洁、无水、无油、无杂质。

4. 车针用钝时，要及时更换，否则会影响高速轴承的寿命。

（四）维护保养

1. 气压喷油罐是手机的润滑工具，在使用之前，卸下手机车针，将喷油罐喷嘴插入手机接头进气孔,须垂直使用,以保证有足够的气压来清洁轴承。气压喷压罐不但可以润滑手机,还可达到清洁轴承和风轮的效果。每日工作结束后,各润滑手机一次,每次喷射2~3秒。

2. 手机是造成交叉感染的主要途径。手机使用完后,应进行清洗、润滑,并使用手机消毒炉进行消毒。

(五)常见故障及处理

常见故障及处理见表2-3。

表2-3 滚珠轴承式涡轮手机的常见故障及处理

故障现象		产生原因	处理
车针松动或飞针		车针杆部太细,手机内的夹簧磨损变形	更换车针,回厂修理
		使用中受震动	每使用一次后,都将车针卸下再拧紧
无冷却水雾		水箱内无水 机头出水孔堵塞 水量调节螺丝没有打开	加足蒸馏水
		机头出水孔堵塞	用细钢丝疏通水雾小孔
		水量调节螺丝没有打开	旋转手机尾部的调节螺丝
水不成雾状		丝包管中的输气塑料管断裂	更新塑料管
钻不动牙	有异常噪音	轴承有异常磨损	更换新轴承
	压力表指示0.2MPa以下	压力偏低	调节气压,使压力提高至0.2~0.5MPa
	无异常噪音	车针磨损或弯曲	更换新车针
	压力正常	车针装夹位置不正	正确装夹车针
手机尾部漏水		丝包管中的输气塑料管断裂	更新塑料管

 知识扩展

光纤手机

光纤手机(图2-9)是临床上的一种新型手机,它与常用高速手机的主要不同是带有LED灯泡,具有发光功能。LED灯泡与发电机和转换接头设计为一体,转换接头无需消毒,可以减少灯不亮的现象发生,灯泡可自行拆卸更换,操作简便、使用寿命更长。

它的结构主要由机头、手柄、LED灯泡、手机接头组成。

主要技术参数:工作气压0.20~0.30MPa,转速350 000~400 000r/min,适用车针1.595~1.600mm,噪音≤60dB。

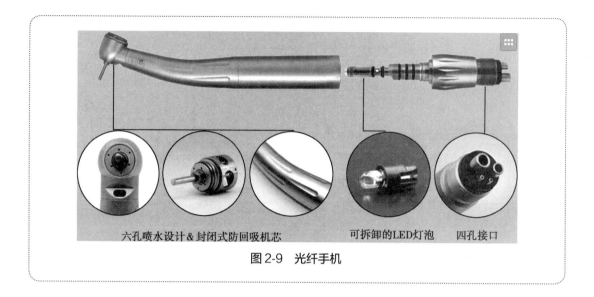

六孔喷水设计&封闭式防回吸机芯　　可拆卸的LED灯泡　　四孔接口

图2-9 光纤手机

二、低速手机

低速手机由气动马达手机（图2-10）和电动马达手机组成，本节重点介绍气动马达手机。

（一）结构与工作原理

气动马达手机由气动马达和与之相配的直机头和弯机头组成。直、弯机头可更换使用，车针转速可达$(0.5\sim2.0)\times10^4$r/min，具有正、反转的功能。

图2-10 气动马达手机

1. 气动马达　气动马达由定子、转子、轴承、滑片、滑片弹簧、输气管、调气阀、消音气阻及空气过滤器组成。高压空气沿马达定子内壁切线方向进入缸体内部形成旋转气流，借助滑片推动马达转子旋转，转子轴又带动机头工作。

2. 直机头　直机头由芯轴、轴承、三瓣夹簧、锁紧螺母及外套组成，芯轴由两个轴承夹固定机头壳内，芯轴内前端装有三瓣夹簧，转动锁紧螺母，可使三瓣夹簧在芯轴内前后移动，放松或夹紧车针，而芯轴由气动马达带动旋转。

3. 弯机头　弯机头由带齿轮和夹簧的夹轴、齿轮杆、轴承、钻扣及机头外套组成。马达将动力传动给弯手机后轴，而后轴又通过齿轮驱动中间齿杆旋转，中间齿杆又用齿轮驱动夹轴齿轮，夹轴齿轮带动夹轴内的车针旋转。弯机头有多种型号，可以根据不同的治疗需求选用。

（二）操作常规及注意事项

1. 工作气压不得大于0.30MPa。
2. 压缩空气内不含油、水和杂质。

3. 气动马达连接轴插入直机头或弯机头，马达上的卡扣应锁紧。按下卡扣，向前拉出，即可取下机头。

4. 选用合格的磨石和车针，车针柄直径过小过大都会损害机头。

5. 直机头未夹紧车针，不得开动马达。

（三）维护保养

1. 每天使用前，从气动马达尾部进气孔喷射含油清洗润滑剂数秒钟。

2. 每天工作完毕后，卸下直、弯机头，从机头后部传动轴旁加注3～5滴润滑油，再装在气动马达上，轻踏几次脚控开关慢慢转动几秒，以均匀润滑。

（四）常见故障及处理

气动马达手机常见的故障及处理见表2-4。

表2-4 气动马达手机常见故障及处理

故障现象	可能原因	处理
直手机夹不住车针	三瓣夹簧生锈、有污物	清洗三瓣夹簧
弯手机卡不住车针	针卡磨损	更换针卡
直手机不转	轴承损坏	更换轴承
弯手机转动无力	齿轮磨损、故障	更换齿轮
气动马达转速突然下降	马达气管接头连接不良	拧紧马达与气管
	输气软管漏气使压力不足	更换输气软管，检查并恢复气压
马达不转	马达直手机未装车针或马达损坏	装好车针，维修或更换马达
马达扭力不足	滑片磨损	更换滑片
	气路中有异物、污垢等	拆卸清理
直手机、弯手机在马达旋转时整体旋转	马达前插管的"O"形圈磨损	更换"O"形圈

第三节 光固化机

光固化机又称光敏固化灯，是利用光固化原理，使牙科修补树脂材料在特定波长范围内的光波作用下迅速固化，从而填补牙洞或粘接托槽。根据不同的发光原理，将其分为卤素光固化机和LED光固化机两种类型。卤素光固化机在相当长的一段时间内满足了口腔治疗过程的需要，但是随着科学技术的进步，近年来已被半导体二极管发光原理制成的新一代LED光固化机所取代。LED光固化机具有安全方便、操作简便、体积小、可移动、光源寿命长、光强度高、不需要冷却、能持续工作等优点。

复合树脂光固化技术用于口腔修复具有固化效率高、操作简单方便、治疗效果美观、材料耐磨持久等优点，被广泛用于口腔修复和牙科整形。随着各种光源新技术的应用，光固化机也在不断地更新换代，该技术在临床上的应用也必将越来越广泛。与此同时，随着人们对牙齿健康和美观的关注，光固化机在口腔科的使用越来越频繁，成为口腔科必不可少的仪器。

一、卤素光固化机

（一）结构与工作原理

1. 结构 卤素光固化机主要由电子线路主机和集合光源的手机两大部分组成,主机包括恒压变压器、电源整流器、电子开关电路、音乐信号电路、电源线以及手机固定架,手机包括卤素灯泡、光导纤维棒、干涉滤波器、散热风扇、定时装置、手动触发开关以及主机连接线（图2-11）。

2. 工作原理 接通电源,主机电子开关电路进入工作状态,并输出一个控制信号,同时风扇运转,冷却系统散热。按动手机上的触发开关,卤素灯泡发光。光波通过干涉滤波器,将不同频率的红外线光和紫外线光完全吸收,再通过光导纤维棒输出均匀且波长范围为380～500nm的无闪烁光,使光固化复合树脂迅速固化。定时结束,音乐电路报警时,卤素灯熄灭,完成一次固化动作（图2-12）。再次按动触发开关,可重复以上过程。

图 2-11 卤素光固化机

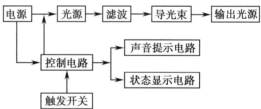

图 2-12 卤素光固化机工作原理示意图

卤素光固化机的主要技术参数:

（1）光谱特性:在可见光范围内,不含紫外线光和红外线光,其光照度大于60 000lx。

（2）光固化效果:20秒以上可固化大于2mm厚的材料。

（3）输入功率:110～170W。

（4）定时时间:有20秒、30秒、40秒等多种时间供选择。

（5）光波波长范围:380～500nm。

（6）卤素灯泡:DC12V,75～100W。

（7）工作电源:AC220V,50Hz。

（二）操作常规

1. 接通电源。

2. 将光导纤维棒插入接口。

3. 根据需要选择光照时间,调整好定时开关。

4. 医师戴上护目镜,手持手机,将光导纤维棒头端面靠近被照区,其间距保持2mm。

按动触发开关,进行光照固化。定时结束后,卤素灯泡熄灭,蜂鸣器发出结束信号。再次按动触发开关,可重复操作。

5. 光照结束后,可将手机放置在固定搁架上,此时冷却风扇仍在运转,经数分钟温度降下后,关闭电源,拔下电源插头。

6. 固化时间的选择:材料厚度小于 2mm 时,选择光照时间为 20 秒;材料厚度 2～3mm 时,选择 30 秒;材料厚度大于 3.0mm 时,应适当增加光照时间和光照次数。

（三）维护保养

1. 机器在运输及使用过程中,避免剧烈震动。

2. 保持光导束输出端清洁,工作时不接触牙齿及树脂材料。

3. 光导束弯曲次数不宜过多,用后尽量放直,避免碰撞或挤压,以防折断。

4. 为避免灯泡过热,要注意间歇性使用。

5. 开关及工作机头,要注意轻压、轻放,用力适当。

6. 机器使用完毕,应擦去水雾、污渍,置于干燥、通风的室内。

7. 常备使用频繁的零件,灯泡组合件应放在干燥瓶内。

（四）常见故障及处理

卤素光固化机的常见故障及处理见表 2-5。

表 2-5　卤素光固化机的常见故障及处理

故障现象	可能原因	处理
整机不工作,指示灯不亮	电源插头与插座接触不良	使插头与插座接触良好
	保险丝熔断	更换保险丝
	变压器损坏	更换变压器
	三端稳压块损坏	更换稳压块
按动触发开关后,无光发出	触发开关接触不良或损坏	修理或更换触发开关
	卤钨灯损坏	更换卤钨灯泡
	光导束损坏	更换光导束
光照后,聚合硬度不够	卤钨灯老化,光导纤维折断较多或工作面污染	更换卤钨灯,更换光导纤维管,去除污染物或用光学抛光材料擦拭
	卤钨灯电源不正常	查找原因,保证灯泡的额定电压

二、LED 光固化机

（一）结构与工作原理

1. 结构　LED 光固化机主要由发光二极管、电子开关电路、音乐信号电路、光导纤维管、定时装置、充电器、锂离子电池、变压器、整流器等组成(图 2-13)。

2. 工作原理　发光二极管是一块电子发光的半导体材料,置于一个有引线的架子上,四周用环氧树脂密封,起到保护内部芯

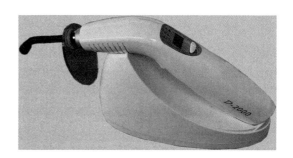

图 2-13　LED 光固化机

线的作用,所以 LED 光固化机的抗震性能好。发光二极管的核心部分是由 p 型半导体和 n 型半导体组成的晶片,在 p 型半导体和 n 型半导体之间有一个过渡层,称为 PN 结。在某些半导体材料的 PN 结中,注入的少数载流子与多数载流复合时会把多余的能量以光的形式释放出来,从而把电能直接转换为光能。PN 结加反向电压,少数载流子难以注入,故不发光。这种利用注入式电子发光原理制作的二极管称为发光二极管 LED。当它处于正向工作状态(即两端加上正向电压),电流从 LED 正极流向负极,半导体晶体发出从紫外线到红外线不同颜色的光,光的强弱与电流有关。由于临床上绝大多数复合树脂材料的光敏剂均是樟脑醌,对波长为 470nm 的光最为敏感,而 LED 光固化机波长的峰值为 465nm,所以其发出的光基本是有效光。

3. 主要技术参数

LED 光固化机的主要技术参数如下:

(1)机体工作电压:交流电 100V～250V。

(2)频率:50Hz～60Hz。

(3)基座电压:直流电 12V。

(4)电池:锂离子电池。

(5)波长:420～480nm。

(6)光强度:500～2 000mW/cm^2。

(7)固化时间:有 5 秒、10 秒、20 秒、40 秒四种时间可供选择。

(8)固化模式:快速固化模式、脉冲固化模式、渐进式固化模式。

（二）操作常规及注意事项

1. 接通电源,将光导纤维管插入插口。

2. 根据材料厚度选择固化时间及固化模式。

3. 操作者须佩戴护目镜,将光导纤维管头端靠近被照区域,其间距为 1～2mm。按动触发开关,工作端发出冷光进行光照固化。定时结束后,光线熄灭,蜂鸣器发出提示信号,光照结束。再次按动触发开关可重复操作。

4. 临床上应用的大多数复合树脂材料的光敏剂为樟脑醌。少数复合树脂的光敏剂为苯基丙酯,其吸收波长敏感区为 400nm 以下,此类复合树脂不适合使用 LED 光固化机固化。

（三）维护保养

1. LED 光固化机在运输及使用过程中,应避免碰撞,易造成折断。

2. 保持光导纤维管输出端清洁。

3. 对患牙照射前,应在光导纤维管上套入一次性透明塑料薄膜,治疗结束后将塑料薄膜取下,避免医源性感染。

4. LED 光固化机虽然为冷光源,但二极管发光时仍会产生一定热量,连续使用三次以上时应注意保持适当的间歇时间。

5. 定期对光导纤维管进行清洁,避免因污染影响光照效果。

6. 随着锂离子电池充电次数的增多,会导致每次充电后使用时间缩短,电池寿命约为 1 年。

（四）常见故障及处理

LED 光固化机的常见故障及处理见表 2-6。

表 2-6　LED 光固化机的常见故障及处理

故障现象	可能原因	排除方法
整机不工作,指示灯不亮	电源插头与插座接触不良	使电源插头与插座接触好
	保险丝熔断	更换保险丝
	变压器损坏	更换变压器
	三端稳压块损坏	更换稳压块
按动触发开关后,无光发出	触发开关接触不良或已损坏	修理触发开关
	光导纤维管损坏	更换光导纤维管
充电后,使用时间缩短	锂离子电池老化	更换电池

第四节　超声波洁牙机

超声波洁牙机是利用频率为 20kHz 以上的超声波振动进行洁治和刮治牙菌斑、牙石的口腔治疗设备(图 2-14)。同传统的手工洁牙相比,具有效率高、速度快、创伤小、省时省力等优点,可减轻患者的痛苦和降低医务人员的劳动强度,目前已广泛应用于口腔临床治疗。

超声波洁牙机除具有洁治和刮治功能外,更换不同的工作头,还可进行根管治疗、拆卸套冠和固定冠桥等作用。

一、结构与工作原理

1. 结构　超声波洁牙机主要由发生器、换能器、可互换的工作头及脚控开关四个部分组成。

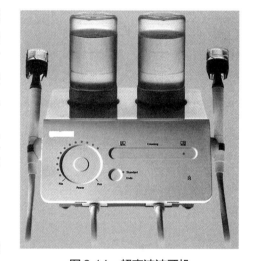

图 2-14　超声波洁牙机

(1)发生器:包括电子振荡器和水流控制系统。电子振荡器产生工作功率,输出至换能器工作头。水流控制系统调节流向换能器的水流量。

在发生器前板上装有电源开关、指示灯、功率输出量调节旋钮、水流量调节旋钮。根据不同的治疗要求,调整输出频率,使之与换能器工作头的固有频率一致,即谐振,此时输出功率为最佳。

在发生器后板上装有电源线、脚控开关插座、保险管座、输出线和水管。电源线用于连接 220V、50Hz 交流电源,脚控开关插座与脚控开关连接,保险管座内装电源保险管,输出线连接换能器手柄,水管连接自来水和压力盛水装置,压力不低于 0.2MPa。

(2)换能器和工作头:超声波洁牙机的换能器(图 2-15)因材料和工作原理的不同,有磁伸缩换能器和电伸缩换能器两种,而洁牙机的手柄也因所用换能器的不同有两种类型。

图 2-15　超声波洁牙机换能器

1）磁伸缩换能器：用金属镍等强磁性材料薄片叠成，通过焊接或用螺纹将变幅杆和工作头连接在一起。手柄为一中空塑料管，外绕电磁线圈，冷却水从中通过，工作时换能器插入线圈内，冷却水冷却换能器后从工作头喷出。镍片等强磁性换能器置于磁场中被磁化，其长度在磁化方向随磁场变化伸缩，带动工作头振动。

2）电伸缩式换能器：由钛酸钡等晶体做成圆板，其两面附着银电极，圆板中间为一通孔，用中空的铜螺栓穿过，夹紧。螺栓一端接进水管，一端固定工作头。换能器固定在手柄内不能取出。

当换能器两电极间施加电压时，其换能器晶体厚度，依电场强度和相应频率发生变化产生振动，进而通过螺栓带动洁牙工作头进行洁治。

（3）洁牙机工作头由不锈钢和钛合金制成，为适应不同牙齿及部位的治疗，有不同的形状，可根据需要更换。

（4）脚控开关：主要控制高频振荡电路和冷却水。

2．工作原理 由集成电路和晶体管组成的电子振荡器，产生超声频率为 $28\sim32kHz$ 的电脉冲波，经手柄中的超声波换能器，转换为微幅机械伸缩振动，使工作头产生相同频率的超声振动（图 2-16）。从手柄中喷出的水，受超声波振动，水分子破裂，出现无数气体小空穴，空穴闭合时产生巨大的瞬时压力，迅速击碎牙石，松散牙垢，达到清洁目的。

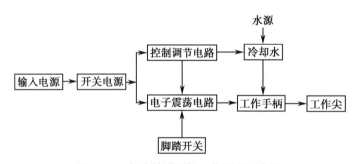

图 2-16 超声波洁牙机工作原理示意图

二、操作常规及注意事项

1．将蒸馏水灌入压力盛水装置至容积 3/4 处，将其出水管接至洁牙机后面进水接头并扎紧，向压力桶内打气加压至 0.16MPa。

2．将脚控开关插头插入脚控开关插座内。

3．将洁牙机工作头的换能器插入手柄（磁伸缩）或将工作头螺纹拧紧在手柄螺栓上（电伸缩）。

4．接通电源，打开电源开关指示灯亮。

5．拿起手柄，调小功率旋钮，调大调水旋钮，反复踩下脚控开关，直至水从工作头喷出。

6．逐渐调大功率输出至合适值，仔细调节水量调节旋钮，使水雾量达 35mL/min 左右为宜，工作头喷水温度约 40℃。

7．结束后应将手柄和工作头进行高温高压灭菌（134℃）。

8.进行洁治和刮治工作应注意以下几点:

(1)电伸缩换能器质地较脆,不能承受过大冲击,手柄使用完后,应放在支架上。

(2)工作头应安装可靠,否则影响功率输出,机器功率的强度不应超过最大功率的2/3。

(3)工作刀具尖端与牙面应保持切线位置,一般与牙面成15°角。

(4)使用时水量要充足,水温要适当。

(5)龈下刮治时,应用探针仔细检查,了解根部形态和牙石的具体位置。

(6)治疗中不可对工作头施加过大压力,以免加速磨损。

(7)手柄电缆内导线较细,易折断,严禁打死弯和用力拉电缆。

(8)带有心脏起搏器的患者慎用。

(9)尽量不要在局部麻醉的情况下操作。

(10)短期内一般不重复作超声波洁牙治疗。

三、维护保养

1.洁治时,输出功率强度不应超过其最大功率的2/3,如有特殊需要加大功率时,应缩短操作时间,尽量避免工作刀具和换能器超负荷工作。

2.不应在工作头不喷水情况下操作,否则易损伤牙齿及牙龈,损坏工作刀具及换能器。

3.尽量减少换能器电缆的接插次数,以免磨损微型密封圈,造成接口处漏水。

4.机器连续工作时间不宜过长,以免机器发热产生故障。

5.机器不用时,电源开关置于关闭状态,换能器及手柄应放在固定搁架上,防止跌落或碰撞。

6.压力盛水装置不可越过水位线,且压力不能过高,以免发生意外。

7.若机器长期不用,应每1～2个月通电一次。

四、常见故障及处理

超声波洁牙机的常见故障及处理见表2-7。

表2-7 超声波洁牙机的常见故障及处理

故障现象	可能原因	处理
工作头不振动	电源插头接触不良	插好电源插头
	保险丝熔断	更换同规格保险丝
	脚控开关接触不良	修理脚控开关
	振荡电信号断路	焊接断线
机器有水,但工作头喷不出水雾	工作刀具未拧紧	拧紧刀具
	工作刀具磨损或弯曲	更换刀具
	机器电源电压过低	调整电压至额定值
	喷水管道堵塞	疏通堵塞部位
工作头振动无力	工作刀具磨损	更换工作刀具
	振荡电路故障	排除故障,更换损坏元器件

知识拓展

喷砂洁牙机

喷砂洁牙机(图 2-17)是利用高压气体将喷砂粉(以碳酸氢钠粉末为主要成分)喷向待洁牙面的设备,具有能够快速去除牙菌斑和色素的优点。此设备适用于超声波洁牙机不易清洁到的牙间隙中的牙菌斑和色素斑,对于牙面色素的清洁效率高于超声波洁牙机,但其对牙石的去除效果低于超声波洁牙机。

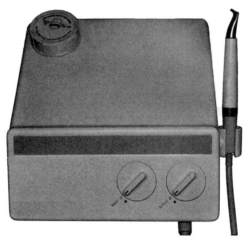

图 2-17 喷砂洁牙机

第五节 根管治疗设备

根管治疗设备主要包含根管长度测量仪、根管预备动力系统、热牙胶充填器、根管显微镜等。

一、根管长度测量仪

根管长度测量仪(apex locator)又称根尖定位仪,简称根测仪,是用于测量根管长度的工具(图 2-18)。无论年龄、牙位,口腔黏膜与根管内插入的器械在到达根尖孔时,其电阻值均接近 6 500Ω。利用这一原理制造了根管长度测量仪。

（一）结构与工作原理

根管长度测量仪主要由主机、唇挂钩和夹持器组成。使用时夹持器与插入根管的器械相连,唇挂钩与口腔黏膜相连。它的工作原理是用普通根管锉为探针来测量在使用两

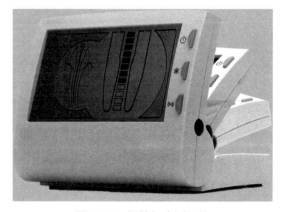

图 2-18 根管长度测量仪

种不同频率时所得到的两个不相同的根管锉尖到口腔黏膜的阻抗值之差或比值。该差值在根管锉远离根尖孔时接近于零,当根管锉尖端到达根尖孔时,该差值增至恒定的最大值。不同型号使用的双频率有所不同,有1 000Hz与5 000Hz、400Hz与8 000Hz、500Hz与1 000Hz等。在两个测量值中都含有误差,但在分析演算中误差可作为共同项消除。这样即使根管内含有血液、渗出液及药液等导电的溶液也可以得到正确的结果。此方法不适合用于极端干燥、出血、根尖孔呈扩大状态或有隐裂的根管,也不适用于冠部崩裂、金属冠与牙龈接触或正在进行治疗的根管。对带有心脏起搏器的患者,在没有咨询内科专家之前,不要使用此仪器。

(二)操作常规

1. 使用橡皮障隔湿或吹干,干燥待测牙表面,形成绝缘状态。将根管吸干后,向内注入适当的电解溶液(如生理盐水等),用棉球吸取多余的电解溶液。

2. 将测量仪一端连接带标记的扩孔钻,另一端带上口角夹子,置于待测牙对侧口角。测定时必须使用ISO 15~20号的扩大针,过细或过粗都会影响测量值的准确度。

3. 参照预先拍摄的X线片估计根管的长度。将连接好的扩孔钻缓缓插入待测牙的根管,这时仪器显示屏的指针向根尖孔标记处偏移,同时发出警报声。当指针达到根尖孔时,标记好扩孔钻的长度。所测得的长度即为根管的长度。

(三)维护保养

1. 仪器应放置于稳固的台面上,避免强烈撞击及跌落损坏仪器。同时,应避免高温、潮湿、粉尘及强磁场的环境。

2. 长期不使用仪器时,应定期对仪器进行充电。

3. 测量时用蘸有中性洗涤剂的毛巾等擦拭,切忌直接接触洗涤剂和水,禁止使用有机溶剂擦拭。

4. 不能与电子手术刀、牙髓诊断仪同时使用。

5. 测量时使用的手柄应采用树脂制品,不能使用金属制品。

(四)常见故障及处理

根管长度测量仪的常见故障及处理见表2-8。

表2-8 根管长度测量仪的常见故障及处理

故障现象	可能原因	处理
电源不通	电池未放入主机内	装入电池
	请专业维修人员检查	更换电池
	附属品夹子损伤	更换夹子
	管线断裂	更换管线
	主机故障	请专业维修人员检查
根尖孔不能正确测定	未进行正确测定根管前的准备	做好测定前的准备
	打开电源时指针未指向开始位置	请专业维修人员检查

二、根管预备动力系统

根管预备动力系统又称根管扩大仪,是用于口腔根管治疗术中对根管进行扩大成形的一种医疗电子设备(图2-19)。它大大降低了医师的工作强度,节省了工作时间,提高了工作效率,将在临床上广泛应用。根管预备动力系统具有稳定的速度和扭矩预设功能,因此可以大大减少镍钛锉针在根管中折断的机会,使治疗变得更加安全。

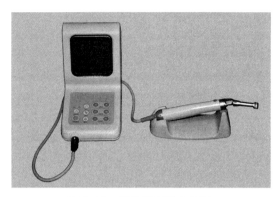

图2-19 根管预备动力系统

（一）结构与工作原理

1. 结构 根管预备动力系统主要由主机、根管治疗手机及脚控开关三部分组成。

（1）主机:由单片机控制,操作面板含电源开关、手机减速比选择键、马达转速增减键、扭力大小增减键、马达正反转选择键及液晶显示屏等组成。

（2）根管治疗手机:由电动马达及专用减速手机组成。电动马达转速范围为1 200~16 000r/min,速度可调。减速手机由齿轮、变速齿轮盘、齿轮杆、连接叉、头壳和外壳组成。手机的转速可根据需求进行调节。常见的减速比为1:1,4:1,8:1,16:1,20:1,32:1,64:1等,可按需求选择。

（3）脚控开关:用于控制电动马达时运行与停止,其主要由微动开关及电路构成。

2. 工作原理 根管预备动力系统主要通过变速齿轮盘将马达的高转速转换为术中所需的低转速大扭矩,并通过主机的调节电路,在一定范围内对手机转速和扭矩进行调整。

（二）操作常规

1. 操作方法

（1）打开电源。

（2）在主机的控制面板上设定相关所需的运行参数。

（3）踩下脚踏开关开始工作。

2. 注意事项

（1）在设定运行参数时要根据不同品牌的镍钛扩锉的要求设定最大转速和扭矩,防止断针现象。

（2）市场上大部分根管预备动力系统都具有自我保护功能,当手机转速或扭矩达到最大值时将停止运行或自动反转,使用前应认真阅读使用说明书。

（3）镍钛扩锉应在旋转的状态下进出根管,不可将镍钛扩锉放入根管后再启动马达。

（三）维护保养

1. 仪器用毕,只需用75%酒精擦拭主机及马达部分,不宜用其他溶剂。

2. 手机使用完毕,需进行清洗、注油等保养,再用压力蒸汽灭菌器消毒,防止交叉感染。

（四）常见故障及处理

根管预备动力系统的常见故障及处理见表2-9。

表2-9　根管预备动力系统的常见故障及处理

故障现象	可能原因	处理
仪器不工作	电源故障	检查电源情况
	连接线故障	检查连接线插头
脚踏开关不工作	脚踏开关故障	请专业维修人员检测
	连接线故障	检查连接线插头
马达不工作	马达故障	请专业维修人员检测

三、热牙胶充填器

热牙胶充填器是一系列根管治疗设备之一，主要用于根管充填（图2-20）。与传统的冷挤压充填技术相比，热牙胶充填技术具有充填严密的优点，不但能充填主根管，而且能充填侧、副根管和根尖部位的分支、分叉以及管间交通支等根管附属结构，也适合不规则根管的充填，真正达到三维致密充填效果。

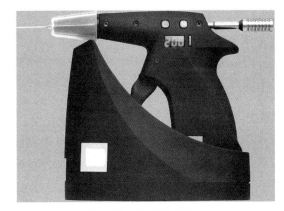

图2-20　热牙胶充填器

用于根管充填的热牙胶充填器种类较多，包括注射式热牙胶充填器、垂直加热加压充填器以及固体载荷插入充填器等。现有厂家为方便医师的临床操作，推出了三维热牙胶根管充填系统，将垂直加热加压充填技术 System B 和热牙胶根充式注射器 Obtura Ⅱ 整合为一台仪器，同时提供根尖热牙胶封闭功能和根管上部的回填功能，有效提高了工作效率，降低了成本。

（一）垂直加热加压充填器

1. 结构与工作原理　垂直加热加压充填器（System B 系统）由主机、电源、连线、加热手柄、加热笔尖等部分组成。主机内安装有微电路板，可通过主机面板按钮控制加热笔尖的温度。温度可在 100～600℃ 之间可调，常用温度为 200～250℃。用连线把手柄和主机相连，安装好加热笔尖，按手柄前端的弹簧，电路接通，笔尖将在数秒内达到预设温度。笔尖为中空不锈钢制成，内有一根加热丝，通电后从笔尖开始加热。

2. 操作常规

（1）将加热手柄与主机用导线连接，把电源充电器与主机连接。根据患牙情况选择合适的笔尖，将其安装手柄前端的固定螺母上，适当调整角度。

（2）打开背面的电源开关，按下待用按钮启动手柄。检查显示屏上的温度和笔尖模式，根据工作状况调整温度和笔尖模式。

（3）按弹簧开关，手柄发出信号声，LED 灯亮，手柄进入加热加压状态。将手柄笔尖向根管根尖部位移动，到达根尖 5～7mm 处时停止加热，保持加压状态。

（4）继续加热1秒,将笔尖取出根管。

（5）使用完毕,将工作模式切换至待机或关机。

3. 注意事项

（1）笔尖使用前必须消毒,避免交叉感染。

（2）设备不使用时需将电源开关关闭。

（3）使用操作中避免接触到笔尖,以免烫伤。

（4）如在使用过程中要擦拭笔尖须用干纱布,不要用酒精棉球或湿布擦拭。

（二）热牙胶注射式根充器

1. 结构与工作原理　热牙胶注射式根充器（Obtura Ⅱ）又称热牙胶注射枪（以下简称根充器）,由主机、电源、连接线、加热枪、枪头、枪针及牙胶子弹等部分组成。主机使用 220V 交流电源,内部装有控制电路板,可通过主机控制面板温度按钮控制根充器的加热温度,温度可调范围为 140～250℃,常用温度范围为 160～200℃。加热枪具有加热功能,将枪膛内的牙胶子弹融化,然后通过枪注入根管。枪针有 3 个型号,分别为 20、23 和 24 号。为确保良好的导电性,针头部分为纯银制造。

（1）针头:为枪针与枪头的连接部分,多用螺纹固定。

（2）热保护罩:使用该设备时枪头部分需产热,热绝缘器可避免烫伤患者唇部。

（3）扳机:用于推动活塞、注射牙胶。由于热熔的牙胶有轻微缓冲作用,建议扣动一次扳机后稍等片刻。过度用力扣动扳机将会损害活塞槽。

2. 操作常规　根充器可将热熔牙胶直接注入根管。在充填根尖部时,应先用垂直加压技术封闭根尖,以免造成超充或欠充,然后用根充器充填根管剩余部分。

（1）选择合适的枪针与根充器连接。

（2）用导线连接根充器和主机,按要求调整操作温度。

（3）安装好热保护罩,然后根据待治疗牙的情况适当弯曲枪针。

（4）按下活塞释放按钮,拉出活塞,用镊子将牙胶子弹放入根充器内,推动活塞至感觉到牙胶子弹为止。

（5）牙胶完全热熔需 2 分钟。

（6）使用完毕,取出剩余牙胶,并将根充器恢复到待机状态,必须在牙胶冷却前取下枪针。

3. 注意事项

（1）使用完毕时,应扣动扳机清除所有剩余牙胶。

（2）启动根充器前必须先放入牙胶子弹,避免加热枪损坏。

（3）一次只能放入一粒牙胶子弹,否则将损坏根充器。

（4）每次使用前必须更换新的枪针和热保护罩,避免交叉感染。

4. 常见故障及处理　出现故障需请专业维修人员检测。

四、根管显微镜

根管显微镜（dental microscopes）主要用于牙髓、根管的检查与治疗（图 2-21）。可以清晰地观察到根管口的位置、根管内壁形态、根管内牙髓清除情况,进行根管预备、充填,取出根管内折断器械及根尖周手术等操作。

根管显微镜给医师提供了较好的检查和治疗手段,有利于提高诊断水平和治疗精度,提高治疗效率和质量,使患者获得好的治疗效果,改善医师治疗时的姿态,降低医师的劳动强度,保护医师健康。

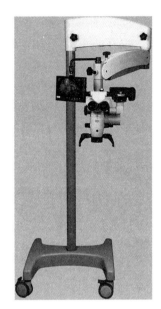

图2-21 根管显微镜

(一)结构与工作原理

1. 结构 根管显微镜由底座、支架、控制箱、悬臂、镜头支架和镜头组成。

(1)底座:用于支撑和移动整个显微镜系统。底座上配有重铁、移动轮和制动装置。配重铁加强了显微镜的稳定性可防止翻倒。移动轮便于显微镜位置的调整,位置固定后可使用制动装置防止移动。

(2)支架:用于固定和安装控制箱、悬臂及镜头等。支架有三种安装形式,即悬吊式、壁挂式和落地式。

(3)控制箱:用于安装和控制电源、光源。

(4)悬臂:用于镜头支架和镜头的安装,并可在水平面旋转,在垂直面上下移动,用于调整镜头的宏观位置。悬臂中有锁定装置,防止位置改变。

(5)镜头支架:用于安装镜头。镜头支架可以使镜头在 X 轴、Y 轴和 Z 轴三个方向旋转,调整镜头的位置和方向。

(6)镜头:是显微镜的主要工作部分,包括物镜、目镜、助手镜(图像采集接口)和调整旋钮等。镜头的性能和功能因品牌而不同。

1)放大倍率:放大倍率为 1:6,通过手柄调节。放大倍数的调节形式有两种,一种是有级变倍,即放大倍数是按档调节,呈跳跃式变倍;另一种是无极变倍,放大倍数是连续平滑地改变,其视野和景深也是连续平滑地改变。一般在清晰可见的情况下,选择放大倍数时使用较小的放大倍数较好。

2)聚焦系统:通过多焦点透镜电动连续调焦或手动调节。

3)物镜:物镜的参数一般为 200mm 或 250mm,物镜分为固定工作距离物镜和可变工作距离物镜。可变工作距离为 200~415mm 或 207~470mm,通过单一物镜实现。

4)目镜:广角 0°~180° 倾角可调,双目镜筒为 10 倍或 12.5 倍广角目镜,可调节观察角度和调节瞳孔,配可调节眼罩。

5)照明系统:电压为 12V、功率为 100W 的卤素灯泡或氙灯,有灯泡自动转换器和备用灯泡的冷光源光纤照明系统,通过手柄调节灯光的亮度和光斑。

6)助手镜:又称第二观察镜,便于观摩学习和四手操作,由双筒目镜和分光器组成,分光器分两种,按 50% 与 50% 或 70% 与 30% 分光,供主镜和助手镜使用。

7)摄像系统:摄像系统分为内置式和外置式,内置式体积小,不影响医师的操作;外置式体积较大,但可自主选配清晰度更高、更满意的摄像系统。

8)主镜座:用于安装主镜、助手镜等,主镜座应可大范围倾斜,大范围倾斜的主镜座可保证医师舒适的体位。

9)镜头的灵活性:在治疗中患者的体位会改变,因此显微镜的镜头位置也要随患者的体位改变而调整。

10）滤光片：无红滤光片适合在大量出血时使用。

2．工作原理　根管显微镜的工作原理主要是光学原理，卤素灯发出的冷光源通过光纤到达物镜和被摄物体，而观察的物体经物镜通过分光镜送到目镜和助手镜或摄像系统，通过调节焦距和放大倍数看清观察物体，锁定镜头，即可开始检查和治疗。

（二）操作常规

1．取下防尘罩，接通电源，打开光源。

2．将镜头移向被观察物体，调整焦距，放大倍数、光强度及光斑。

3．被观察物体成像清晰后，锁定镜头，即可进行检查和治疗。

4．使用完毕，关闭电源，盖上防尘罩，待散热风扇停止工作后关闭总电源。

（三）维护保养

1．显微镜是光学设备，应按光学设备的要求进行维护保养。注意保持显微镜的清洁和镜头的干燥，镜头应使用专用镜头纸或清洗液擦拭，使用完毕应盖上防尘罩。

2．开机后先检查光源，如灯不亮，应检查灯泡和保险丝并及时更换灯泡。

3．关机前将亮度调节到最小，关闭电源，待充分散热后关闭总电源。

（四）常见故障及其处理

1．灯不亮，检查灯泡和保险丝并按规格要求更换。

2．其他故障应请专业技术人员维修。

第六节　冷光美白仪

冷光美白仪是一种美白设备，可以去除牙齿表面及深层沉积的色素，从而达到牙齿美白效果（图 2-22）。冷光美白仪具有操作简单、安全性强的优点。

一、结构与工作原理

1．主要结构　冷光美白仪主要由电源、电子控制线路、光源、导光及滤光部分组成。包括恒压变压器、电源整流器、电子开关电路、声音信号提示电路、电源线、LED 灯泡、光导纤维管、干涉滤波器、定时装置、手动触发开关等。

2．工作原理　接通电源，主机电子开关电路进入工作状态，并输出一个控制信号，按动触发开关，光照触发，LED 灯泡发光。光波通过干涉滤波器，将不同频率的红外线光和紫外线光完全吸收，再通过光导纤维束输出均匀且波长范围为 $480\sim520nm$ 的蓝光，从而激活美白剂中的美白粒子，利用美白粒子的活性与牙齿表面的色素发生反应，达到美白效果。

图 2-22　冷光美白仪

与冷光美白仪配套使用的美白剂是以双管注射器形式包装的，粗的一边是美白主要成分 35% 过氧化氢，另一边添加了感光催化剂和脱敏成分、纳米级羟基磷灰石等，使治疗后的牙齿呈现自然的亮白光泽。

二、操作常规

1. 操作前，应先进行口腔检查并与患者交流。

2. 患者与操作人员需戴上护目镜。

3. 吹干牙面及龈缘，将光固化牙龈保护剂涂在牙龈上，并遮盖至龈下 3～4mm，用光固化等以移动的方式照射约 3 秒将其固化。

4. 调整冷光仪灯头，灯头应与牙齿表面垂直，刚好接触开口器。

5. 按下开始键，开始第一次 8 分钟光照，光照结束后美白仪会自动停止，用强吸管吸掉牙面的美白胶，此时不要用水冲洗。

6. 重复上述步骤，进行第二次及第三次 8 分钟的疗程。

7. 若患者反应牙齿敏感或疼痛，应该停止操作。

8. 术后去除保护剂，摘掉护目镜，让患者彻底漱口。

三、维护保养

1. 使用环境应保持清洁、通风，避免存放于潮湿处，避免受到化学物品的腐蚀。

2. 使用前，应该检查电压是否与电压转化开关设置的数值相一致，以免降低设备使用性能，甚至损坏设备。

3. 美白仪工作到设定时间后，不要立即关掉电源，有利于继续排气散热延长设备使用寿命。

4. 美白仪使用完毕后，应立即套上灯头保护套，若长时间闲置时，宜折叠存放。

5. 清洁冷光灯表面请注意，不要使用硬毛刷，不要使用酒精、汽油等溶剂。应使用柔软湿布擦拭后，再用干布拭干。

四、常见故障及处理

如发生故障，及时请专业技术人员维修。

第七节　口腔消毒灭菌设备

医源性感染是感染的一种重要途径，因而医疗器械的消毒尤其重要。常用的消毒灭菌方法有高温高压蒸汽灭菌法、干热灭菌法、化学灭菌法、低温灭菌法和放射线灭菌法五种。

1. 高温高压蒸汽灭菌法　是最有效且应用最广泛的灭菌法。

2. 干热灭菌法　是利用高温热气对流原理灭菌。

3. 化学灭菌法　包括化学蒸汽灭菌法和化学液体浸泡灭菌法，其中最常用的是化学液体浸泡法。

4. 低温灭菌法　包括环氧乙烷及过氧化氢等离子低温灭菌法。

5. 放射线灭菌法　用一定量的 γ 射线照射，达到灭菌效果，常用于大批医疗器械的消毒与灭菌，而不适用于一般医疗机构的牙科器材。

上述五种灭菌法各有其优缺点，本节主要介绍高温压力蒸汽灭菌器。

一、结构与工作原理

1. 结构　高温压力蒸汽灭菌器由加热系统、抽真空系统、数字显示系统、微电子控制系统、自动安全保护系统、灭菌仓及消毒盘等组成（图2-23）。

图2-23　高温压力蒸气灭菌器

2. 工作原理　高温压力蒸汽灭菌器的工作原理是应用有关温度、压力和容积的波马定律，通过高温高压的蒸汽作为热传递的媒介，在预真空的消毒仓内，高温高压的蒸汽能够将热量快速传递到器械的各个部位，保证在最短的时间内杀死病原微生物包括芽孢和病毒，达到消毒灭菌的目的。

二、操作常规

1. 准备工作

（1）清洗器械：现多采用清洗消毒机，可对空心器械如手机、三用枪等和实心器械进行清洗消毒，并有干燥功能。

（2）向水箱中加入蒸馏水，检查水箱无水指示灯是否熄灭。

（3）接通稳压电源，打开电源开关。程序指示灯和各步骤指示灯同时亮，表示电源已接通。

2. 将需消毒物品放入消毒仓，自带包装的器械应将其塑料面朝下放置，器械必须分开放置在网盘上。网盘之间应留有一定距离。

3. 选定合适的消毒程序，按下相应的程序按钮，程序即被选定，指示灯亮。

4. 消毒结束指示灯亮，表示达到了理想的消毒效果。

5. 打开消毒仓门，移走消毒物品，保持仓门开放以冷却消毒仓。

三、维护保养

1. 每日工作结束后及维护保养前，应切断电源。

2. 外部件应定期用浸有普通中性清洁剂的软布清洁，不能使用具有腐蚀性的清洁剂和粗糙制物。

3. 每次消毒前，应检查硅橡胶密封圈和门盘的清洁度，并用湿布擦拭（禁用酒精）。

4. 常规维护

（1）每天清洁硅橡胶密封圈和门盘。

（2）每周清洁消毒仓、网盘、网盘支架和消毒器外部。

（3）每月用硅酮油或润滑剂润滑仓门的轴钉和门闩系统。

（4）每3个月至半年更换除菌过滤器。

5. 定期对灭菌器及灭菌效果进行监测。

四、常见故障及处理

高温压力灭菌器的常见故障及处理见表2-10。

表2-10 高温压力灭菌器的常见故障及处理

故障现象	可能原因	处理
灭菌器无法使用	电源不通	接通电源
	电源保险丝熔断	更换同规格保险丝
新消毒周期不能启动	内部温度高于80℃	数字温度计显示低于80℃
打开电源仅数字温度器亮	控制板和电路连接错误	重新连接
注水指示灯持续亮	蒸馏水箱无水	向水箱中注入蒸馏水
	水面高度感受器故障	维修感受器
	电路板熔丝熔断	更换电路板熔丝
残余水排空指示灯持续亮	水箱溢满	排空残余水
	水面高度感受器故障	维修感受器
温度过热（>138℃），指示灯持续亮	周期开始时注水量不够	周期开始时注入足量水
	控制电磁阀故障	维修控制电磁阀
压力过高（>0.22MPa）	电子压力感受器故障	维修电子压力感受器
	加热继电器故障	维修加热继电器
仓门打开指示灯持续亮	微型门扣位置错误	维修微型门扣
	仓门未调好	维修仓门
	消毒仓注水量多于程序设定值	检查除菌过滤器是否安装正确
灭菌器工作平台或周围地面溢水	污物的积聚导致门盘和硅橡胶密封圈之间出现缺损	用湿布清洁门盘和硅橡胶密封圈，重新启动
	机内水管断裂	维修水管
	灭菌器过滤器堵塞	维修过滤器
灭菌器没有干燥功能，打开仓门，仓内有水	灭菌器未放置水平位	检查并保持灭菌器水平位
	真空泵阻塞	维修真空泵
	包装袋摆放错误	包装袋过大
	摆放物品过多	正确摆放消毒物品
消毒物品上留有较多冷凝水	灭菌器内部过滤器阻塞	更换过滤器
器械变黑	消毒温度程序选择错误	选择正确的消毒温度程序
	去离子水中混有化学物品	使用蒸馏水
消毒物品氧化或出现色斑	消毒物品未清洗干净	彻底清洗消毒物品
	不同类型材料接触污染	不同材料分开消毒

第八节 口腔种植机

口腔种植机是用于口腔种植修复中形成种植窝时使用的一种新型口腔医疗设备（图 2-24）。现代口腔种植机是在微电脑控制下精准地预备出所需种植窝的深度及直径，并配有多种功能的工作头，选择合适的种植机及其配件是减少骨损伤，提高种植体与种植窝密合度的重要措施，可以提高义齿修复成功率。

一、结构与工作原理

1. 结构 口腔种植机由控制箱、马达手机、灭菌冷却系统等三部分组成。

（1）控制箱：由微电脑控制，主要由记忆模式、转速配比、扭力、转速、转向、水控选择键、模式等几部分组成。

（2）种植手机驱动马达：可无级调速，转速一般可从 0 调节到 50 000r/min。

（3）手机：为相应马达可配备各种变速手机及各种功能的工作头，不同类型的工作头有不同的用途。

（4）灭菌冷却系统：由灭菌冷却水、蠕动泵、连接管组

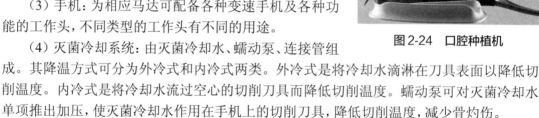

图 2-24 口腔种植机

成。其降温方式可分为外冷式和内冷式两类。外冷式是将冷却水滴淋在刀具表面以降低切削温度。内冷式是将冷却水流过空心的切削刀具而降低切削温度。蠕动泵可对灭菌冷却水单项推出加压，使灭菌冷却水作用在手机上的切削刀具，降低切削温度，减少骨灼伤。

2. 工作原理 口腔种植机主要是通过变速手机将马达的高转速转变为植入手术所需的转速以获得较大的切削扭矩，再进一步通过调速电路在此范围内无极式地增加或减小转速，使种植窝骨面热损伤减至最小，种植窝精确成形。口腔种植机的工作原理如图 2-25。

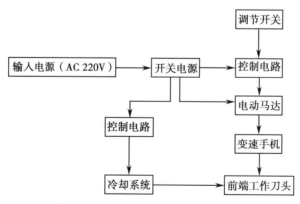

图 2-25 口腔种植机工作原理示意图

二、操作常规

1. 打开电源开关，液晶屏显示指示开关。

2. 按马达速度选择键,选择所需的转速。

3. 按手机转速选择键,选择所需的变速比。

4. 根据显示,按确认键。

5. 接灭菌冷却水。

6. 选择相应种植体的切削刀具。

7. 根据需要增加或减低转速。

三、注意事项

1. 各部件连接时应确认其连接标志一致。

2. 改变参数时需重新设定。

3. 改变马达旋转方向必须在停机状态进行,否则会损坏马达或其他部件。

4. 所用冷却水应用无菌蒸馏水或生理盐水。

四、维护保养

1. 清洁与保养前应拔掉电源插头。

2. 保持清洁,经常用干燥的布擦拭种植机。

3. 马达手机应定期维护(清洁和消毒)。

4. 切削刀具应与手机相匹配,无偏心、粗钝现象出现。

5. 各种不同功能的工作头应正确选配,及时消毒。

6. 术中如应用各种类型的人造骨或人造骨粉时,注意正确选择各功能头。

7. 功能头变钝时应及时更换。

8. 如应用微电脑控制的口腔种植机,应正确设定程序。

五、常见故障及处理

牙科种植机的常见故障及处理见表2-11。

表 2-11 牙科种植机的常见故障及处理

故障现象	可能原因	处理
手机马达不启动	无电源	检查供电电源
	电源插头接触不好	插紧或更换插头
	保险丝熔断	更换保险丝
	保险丝熔断	更换保险丝
	参数设定错误	重新设定
无冷却水	无水	加水
	蠕动泵不工作	检修蠕动泵
	切削工具孔堵塞	疏通或更换切削工具
转速不稳	参数设定错误	重新设定
	手机故障	检修或更换手机
	马达故障	检修或更换马达
	手机马达连接不良	更换连接部分
电脑程序紊乱	参数确定错误	重新设定

第九节 口腔医学影像设备

口腔医学影像设备是利用 X 射线照射患者口腔疾病部位来获取相关的图像资料，以此作为诊断依据进行治疗的设备，主要包含口腔 X 线机、口腔 X 线片自动洗片机、口腔曲面体层 X 线机及锥形束CT。

一、口腔 X 线机

口腔 X 线机简称牙片机，是拍摄牙及其周围组织 X 线片的设备，主要用于拍摄牙片、根尖片、咬合片及𬌗翼片等，可用于牙体病、根尖病、牙周病、颌骨病及口底软组织疾病的摄影检查（图 2-26）。

口腔 X 线机分为壁挂式、坐式、便携式和附设于综合治疗台式四种类型，壁挂式常固定在墙壁上或悬吊在顶棚上；坐式又分为可移动型或不可移动型；便携式体积小，便于携带，适用于野外口腔临床诊疗需求。

口腔 X 线机可分为两种：普通口腔 X 线机、数字化口腔 X 线机。

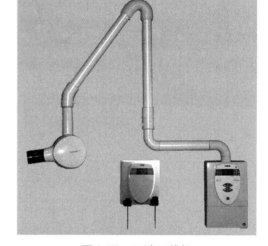

图 2-26 口腔 X 线机

（一）普通口腔 X 线机

1. 结构 普通口腔 X 线机主要由组合机头、活动臂、控制系统组成。

（1）组合机头：也叫 X 线发生器，包括 X 线管、变压器（高压变压器和灯丝加热变压器）、冷却油（也叫变压器油，是组合机头内的主要散热绝缘物质）。

（2）活动臂：由数个关节和底座组成。

（3）控制系统：是对 X 线管的 X 线产生量进行调解并能限时的控制系统。包括自耦变压器、继电器、保险丝、电源开关、毫安表、电压调节器和指示灯等。

（4）座椅：有固定在机架上的组合式座椅，也有添加的独立座椅。这种座椅结构简单，要求有头架，供拍摄 X 线片时支撑患者头部用。

牙片机的主要技术参数：

管电压：60～70kV。

管电流：10mA/0.5mA。

焦点：0.8mm×0.8mm/0.3mm×0.3mm。

2. 工作原理 其控制系统安装在控制台内，控制台面采用数码显示。控制台内装有电源电路、控制电路以及高压初级电路的自耦变压器、继电器、电阻等部件，是电脑控制系统，按牙位键电脑可自动选择曝光时间。

3. 操作常规

（1）接通电源，打开电源开关，绿色指示灯亮，调节电源电压到所需数值。

（2）根据拍摄部位，选择曝光时间，多为 2～3 秒，由曝光按钮控制。

（3）按要求放好胶片，X线管对准投照部位后，开始曝光，口内拍摄时，焦点至胶片距离一般为15～20cm。

（4）曝光完毕，将机头复位，冲洗胶片。

（5）下班前关闭电源开关，关闭外电源。

（6）X线管在连续使用时应有一定的间歇冷却时间，约2～5分钟，管头表面温度应低于50℃，防止过热烧坏阳极靶面。

（7）使用机器时，应放置平稳，避免碰撞和震动。

（8）发现异常时，立即停止工作，停机检查。

（9）口腔X线机必须放在干燥的环境中工作，以避免出现触电现象。

（10）应用前应保证有接地装置。

（11）维修时应由专业人员维修。

4．维护保养

（1）在使用设备前，要了解设备性能，正确掌握操作方法。

（2）保持机器清洁和干燥。

（3）定期检查接地装置、摩擦部位导线的绝缘层，防止破损漏电。

（4）定期给活动开关部位加润滑油。

（5）定期校准管电流和管电压数值，调整各仪表的准确度。

（6）必须放在干燥、通风的环境中。

（7）应放置平稳，避免震动，搬运时严防碰撞。

（8）X线摄影室要设铅防护板，医务人员要注意自我防护。

5．常见故障及处理　普通口腔X线机的常见故障及处理见表2-12。

表2-12　普通口腔X线机常见故障及处理

故障现象	可能原因	处理
摄影时保险丝熔断	电路短路	检查各接线端及机头与主体的旋转部分有无短路
	自耦变压器故障	检查其输入及输出线
	机头部分故障	检修机头
毫安表无指示，无X线产生	接插元件接触不良	检查按钮、限时器、接插元件、保护装置
	高压初级电路故障	测量高压初级输出值有无异常
	高压发生器及X管故障	检修机头，更换X线管
摄片时，胶片不感光	接触器故障，或接点有污物，或簧片变形	清除接点污物，调整接点距离，或更换簧片
	可控硅及控制部分故障	检修可控硅及控制部分
曝光时，机头内有异常响声	机头漏油，有气泡产生	加油后排气，密封漏油部位
	机头内有异物	清除机头内的异物
	冷却油被污染	更换冷却油
	高压变压器故障	检修或更换高压变压器

（二）数字化口腔X线机

数字化口腔X线机由口腔X线机、射线传感器和计算机图像处理系统组成。该设备具有全数字化控制、射线量低、操作简单、诊断准确、便于应用等优点,可分为有线连接(数字化 CCD 系统)和无线连接(数字化影像版系统)两种。数字化影像技术的应用极大地扩展了口腔 X 线片的诊断领域,提高了口腔临床诊断与治疗水平。

1. 结构

(1)有线连接(数字化 CCD 系统):由传感器、光导纤维束、CCD 摄像头、图像处理板、计算机及打印系统组成。采用的是 RVG 数字图像处理系统。

(2)无线连接(数字化影像版系统):由图像板、扫描仪组成,采用的是 DIGORA 数字图像处理系统。

2. 工作原理 数字化口腔 X 线机的工作原理如图 2-27。

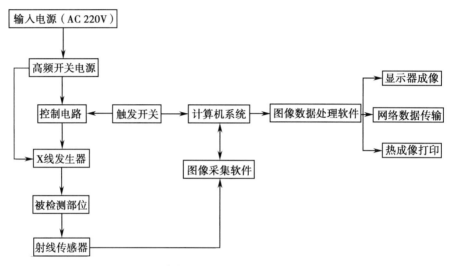

图 2-27 数字化口腔 X 线机工作原理示意图

3. 操作常规及注意事项

(1)接通电源,打开数字图像系统,打开口腔 X 线机开关,使电压稳定在所需数值。

(2)将传感器或图像板放入配置好的小塑料袋后再置于口内所需拍摄的位置,选择相应的曝光时间。有线连接的可直接在监视器上显示,无线的则需将图像板放入扫描仪中进行扫描后显示。

(3)设定相应的编号,及时储存。

(4)拍摄完毕,关闭机器开关及外电源。

(5)小塑料袋为一次使用,注意防止交叉感染。

(6)患者图像资料应及时存盘,以防丢失。

(7)操作时要轻柔,避免传感器的连接线断裂或损毁。

(8)出现故障应及时停止拍摄,请专业人员检查。

(9)保持机器的清洁和干燥,定期检查。

(10)必须放在干燥的环境中工作,以避免出现触电现象。

(11)应放置平稳,避免震动。

4. 常见故障及处理 出现故障时应有专业人员检修。

二、口腔 X 线片自动洗片机

口腔 X 线片自动洗片机是冲洗口腔 X 线胶片的专用设备（图2-28）。

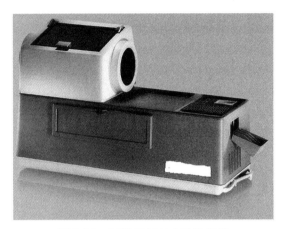

图2-28　口腔 X 线片自动洗片机

口腔 X 线片洗片机主要分为三型：一种为冲洗普通 X 线片的机器；另一种为冲洗牙片的专用洗片机；第三种是混合洗片机，可冲洗各种规格 X 线片。后两种均称为口腔 X 线片自动洗片机。

X 线片的显定影处理也可以利用人工方法，即在暗室内或暗箱内进行显定影，将曝光后的 X 线片分别浸入装有显影液、定影液的暗箱或桶内，经过一定时间后，完成显定影处理。显定影的顺序为：显影→水洗→定影→水洗→烘干。

目前还有一种一次显影技术，将口内牙片封入塑料袋中，用注射器注入适量的一次用显影液，揉挤塑料袋 1 分钟后，再注入定影液，即可完成显像处理。这种方法操作简便，不受暗室的影响，但成本略高。

（一）结构与工作原理

1. 结构　口腔 X 线片自动洗片机包括机械部分和电动部分。

（1）机械部分：由齿轮和传动杆等组成。

（2）电动部分：由加热器、电动机、控制系统等组成。

2. 工作原理　其工作原理是靠两个传动杆夹着胶片向前运行，经过显影、定影、水洗、干燥四个步骤，从输出口获得干燥胶片。

（二）操作常规及注意事项

1. 接通电源，加温药液。

2. 打开自来水开关，使水洗部分成循环状态，有利于胶片的保存。

3. 使用前将干燥温度、驱动时间、补液时间、药水温度等固定在一定数值。显影温度为28～30℃。

4. 放入胶片后，机器自动执行。

5. 取出胶片。

6. 定期更换显、定影液。

7. 保证管道畅通,防止液体外溢,以免损坏电器元件。

8. 更换药液时,注意不要将定影液和显影液混杂,以免产生化学反应。

9. 混合型口腔 X 线片自动洗片机冲洗定位片或咬合片时,注意不要让胶片重叠进入,应有一定的间歇时间。

(三)维护保养

1. 定期清除显、定影槽及水洗槽内的沉淀物。

2. 保持传动系统的清洁,保证传动杆光滑,防止传动杆产生划痕。

3. 机器长期使用后,应及时清除风机和电阻丝周围的灰尘,以免影响胶片的干燥。

4. 保持管道通畅。

5. 检查接地装置,防止机器漏电。

6. 显影液和定影液应用蒸馏水配制,以减少沉淀物,更换液体时,应先过滤,防止阻塞补液泵和管道。

(四)常见故障及处理

口腔 X 线片自动洗片机的常见故障及处理见表 2-13。

表 2-13　口腔 X 线片自动洗片机常见故障及处理

故障现象	可能原因	处理
胶片影像发灰,可出现脱膜现象或胶片影像变浅,似感光不足	显影温控器故障,温度过高可引起胶片发灰,温度过低可引起胶片变浅	检修温控器
胶片影像部分成黑色或全黑	遮光罩漏光	检查遮光罩,及时修理或更换
	洗片机上盖漏光	检查上盖有无漏光现象
	干燥部分向内漏光	检查上盖有无漏光现象
	红玻璃老化	更换
有药膜脱落	干燥温度过高,传动杆过热,药膜在传动杆上	调整干燥温度,检查控温电阻是否损坏
	药液温度不匀,循环泵失灵	检查循环泵及其线路
胶片未显影或未定影	药液不足,可能是流失或补液不足	安装限位杆,防止流失,检修补液泵
胶片上污物较多且有划痕	显、定影液和水洗槽内沉淀物多,胶片传动杆上污物较多,传动杆不光滑	清洁各槽及传动杆上的污物,保持传动杆光滑
胶片不运行	供电不足,致驱动电动机不转	检查供电电压,使其达到额定值
	驱动电动机绕组损坏	修理或更换电动机
	控制部分故障	检查控制部分,更换损坏零件
卡片,重叠,丢失	传动杆变形,输入口粘片,传动杆漏片,干燥温度高	更换传动杆,检修运行通道,调整干燥温度

三、口腔曲面体层 X 线机

口腔曲面体层 X 线机根据其原理可分为普通口腔曲面体层 X 线机和数字化口腔曲面体层 X 线机两种。

(一)普通口腔曲面体层 X 线机

主要用于拍摄上下颌骨、上下颌牙列、颞下颌关节、上颌窦等。近年来,口腔曲面体层

X线机增设了头颅固定仪,可做头影测量X线摄影,适合于正畸和口腔颌面部错𬌗畸形临床诊治的需求(图2-29)。

1. 结构　主要由机头、电路系统、控制台、机械部分组成(图2-30)。

图2-29　普通口腔曲面体层X线机

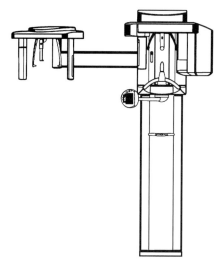

图2-30　口腔曲面体层X线机示意图

(1)机头:内装有X线管、高低压变压器、冷却油。

(2)电路系统:包括电源电路、控制电路、高压初级电路、灯丝变压器初级电路、高压次级电路、管电流测量电路以及曝光量自动控制电路。

(3)机械部分:包括头颅固定架、底盘、立柱、升降系统和头颅定位仪等。

(4)控制台:为电路控制和操作部分,其面板上有电源电压表、时间/电压调节器、程序调节、机器复位键、曝光开关等。

2. 工作原理　根据口腔颌面部下颌骨呈马蹄形的解剖特点,利用体层摄影和狭缝摄影原理设计的固定三轴连续转换曲面体层摄影。

3. 操作常规及注意事项

(1)接通电源,调整电源电压至所需位置。

(2)选择曲面体层或定位限域挡板及选择钉,同时调整患者的体位。

(3)在控制台上调整管电压和曝光时间或选择自动挡。

(4)曝光结束,关闭电源。

(5)使用时应预热,连续使用应有一定的间隔时间。

(6)注意避免碰撞X线管。

(7)患者的手应扶住扶手杆,防止夹手。

(8)需在干燥的环境中工作。

(9)应放置平稳,避免震动。

(10)出现故障时应请专业人员检查修理。

4. 维护保养

(1)保持机器表面清洁。

(2)经常检查活动部件,加油或固定等。

（3）安全检查，主要检查接地装置。

（4）保证机器处于水平位置，使其运行平稳。

（5）保证双耳塞对位良好，发现错位及时调整。

（6）需在干燥的环境中工作。

5. 常见故障及处理方法 该机器专业性强，如有故障需请专业人员检修。

（二）数字化口腔曲面体层 X 线机

数字化口腔曲面体层 X 线机与普通口腔曲面体层 X 线机相比，图像可直接显示在屏幕上，无需化学药水冲洗，成像快捷方便，扩大了诊断范围并提高了诊断能力。

1. 结构 数字化口腔曲面体层 X 线机由传感器及计算机系统组成。

2. 操作常规

（1）接通电源，打开开关。

（2）调整电源电压至所需位置，根据患者情况选择曝光时间。调整患者体位。

（3）在屏幕上根据需要选择不同的界面框。

（4）将图像储存在计算机内。

（5）操作完毕，关闭机器电源和外电源。

3. 数字化曲面体层 X 线机的优缺点

（1）优点：

1）可快速获得 X 线图像，提高诊断速度，大大减少患者的就诊时间。

2）无需胶片和暗室冲洗过程，有利于环境保护。

3）可极大降低辐射剂量。

4）扩大诊断范围，有利于疾病的准确诊断。

5）数据库和网络的建立可达到资料共享和远程会诊的目的，使资料的保存和查询更方便快捷。

（2）缺点：

1）价格相对昂贵。

2）界面工作台的设定不一定符合临床实际情况和工作需要，操作存在一定困难。

3）机器维修和零件更换可能存在一些问题。

4）数据库的数据比较大，如果没有 PACS 系统，数据容易丢失。

4. 维护保养

（1）保持机器的清洁和干燥。

（2）定期检查机器的各部件。

（3）严格按照操作规程操作。

（4）图像资料应及时存盘，防止丢失。

（5）需在干燥的环境中工作。

（6）应放置平稳，避免震动。

5. 常见故障及其处理 如发生故障，应及时请专业维修人员检修。

四、口腔颌面锥形束 CT

锥形束 CT（cone beam computed tomography，CBCT）是 X 线成像技术在口腔医学领域

的最新应用(图2-31)。该设备与数字化曲面体层X线机相比,在放射剂量相近的同时能提供更多的图像信息,它的出现促进了口腔医学水平的进一步发展。由CBCT输出的影像数据可满足诊断中对目标空间定位的需求,结合配套软件可进行术前计算机虚拟计划,提高手术的准确性、安全性。

图2-31 CBCT

（一）结构

CBCT由数字化曲面体层X线机、数字化传感器和计算机系统组成。

1. 数字化曲面体层X线机 其结构与普通口腔曲面体层X线机相同,包括球管、机械部分、电路系统、控制部分。

2. 数字化传感器 当系统进行X线曝光时,数字化传感器接收X线信号,通过计算机存储。曝光结束后再利用计算机重建三维影像。

根据传感器的类型,数字化传感器可分为影像增强器和平板探测器两类。影像增强器使用影像增强管汇聚加强影像,末端是CCD摄像机。这样较大面积的影像汇集到较小面积的CCD传感器上,可提高对比度和亮度,同时无需大面积的传感器,降低成本。它的优点是技术成熟、价格低廉,视野更大;缺点是体积大、图像有失真、寿命短、维护成本较高。平板探测器是近年来最新的传感器技术,直接收集影像信号。其优点是体积小巧、图像无失真、寿命长、易维护;缺点是价格昂贵,受价格制约,传感器面积不可能太大。

根据传感器的面积,CBCT又可分为大视野和小视野两类。小视野机型成像区域为若干颗牙齿至整个牙列,影像清晰,对比度高,细节突出。大视野机型的成像区域包括整个上下颌骨甚至半个头颅,影像质量比小视野机型略差,但视野大,影像亦可用于整形或颌面外科。现在小视野机型有向大视野发展的趋势,拍片的范围可达到8cm×15cm。

3. 计算机系统 CBCT配套的计算机系统一般包括影像重建工作站及影像数据存储服务器。

（二）工作原理

CBCT的成像原理:球管发射的X射线为锥形体射线,传感器使用平面传感器,接收一个面的X线信号。经过一个圆周或半周扫描即可重建出整个目标体积的影像。它只需180°～360°(视不同机型而定)扫描即可完成重建信息的收集。扫描时间一般小于20秒,依靠特殊的反投影算法重建出三维影像。

（三）操作常规

1. 接通外部电源,打开CBCT的电源,并启动影像重建工作站及影像数据存储服务器。

2. 启动影像数据存储服务器中对应程序,并输入患者信息。

3. 设定相应投照程序,调整曝光参数(电压、电流)。

4. 患者入位,根据不同机型有站立、坐姿及卧姿三种拍照方式。患者入位后,根据激光束对患者进行定位。

5. 可选预拍程序,预先拍摄正位及侧位二维投影片各一张,然后通过电脑端点击准确的目标区域对患者位置进行微调,曝光。

6.电脑操作,重建三维影像,调整对比度和亮度,寻找目标区域并重新切片,随后可进行测量及标注工作。

7.导出 DICOM 影像至本地硬盘、CD 或 PACS 网络,启动种植、外科修复等软件模块对三维图像进行进一步的应用。

8.操作结束,保存影像,关闭设备电源。

(四)CBCT 的优缺点

1.优点

(1)CBCT 可以提供三维影像信息:与二维影像相比,三维影像带来的空间位置信息对诊断及手术分析有更有力的支持。医师可根据实际需要,在任意角度及位置重新切取体层切片图像,方便快捷,无需重新拍照。

(2)影像分辨率高:三维影像的体层切片清晰度及对比度远高于普通二维线性体层切片,解剖结构也更为清晰,其分辨率一般都可达到或小于 0.15mm,远高于螺旋 CT(0.6mm)的分辨率,影像更加细致。优秀的影像质量及高分辨率对诊断及学术研究都提供了更强大的支持。

(3)可结合相关软件进行术前虚拟计划,增加手术的成功率。

(4)辐射剂量低:螺旋 CT 因扫描时间长,一次扫描辐射剂量非常大,达到 1 200～3 300μSv。而口腔颌面部 CT 扫描仅十几秒,一次圆周或半周扫描即可得到三维影像,其放射剂量仅为十几到几十 μSv(根据成像体积大小及视野而定),是螺旋 CT 辐射剂量的百分之一。

2.缺点

(1)价格昂贵。

(2)金属填充物产生的伪影不可避免。

(3)目前仍需考虑视野大小和图像质量的平衡点问题。

(五)维护保养及注意事项

1.保持设备的清洁和干燥。

2.定期检查机器各部件。

3.定期进行校准,影像增强器机型为每个月进行一次,平板探测器机型为每年进行一次。

4.严格按照操作规程操作,避免违章操作,以防设备损坏。

5.影像资料定期备份,防止计算机系统问题导致数据的丢失。

(六)常见故障及其处理

如发生故障,及时请专业维修人员检修。

 知识拓展

医用 X 线摄影数字成像技术

医用 X 线摄影数字成像技术主要有直接数字 X 线摄影(direct digital radio-Graphy,DDR)、间接数字 X 线摄影(indirect digital radiography,IDR)两类。它们借助人体组织和器官对 X 线的吸收差异,通过探测穿透人体后的剩余射线将模拟信息变为光电数字信息,通过计算机处理让人体组织和器官变成可以观察的影像,将所获取的图像信息数字化,再对图像信息进行后处理。利用它可以为临床工作者提供高质量的 X 线图像。

第十节　口腔激光治疗机

激光治疗机工作的基础是激光器。激光器主要由五个部分组成：激光工作物质、泵浦灯、聚光腔、光学谐振腔及冷却系统。现在制成的激光器有数百种之多。按工作物质分为固体激光器（如红宝石激光器和钕玻璃激光器）、液体激光器（如有机燃料激光器）、气体激光器（如氦氖激光器和二氧化碳激光器）、半导体激光器（如砷化钾激光器）等。根据工作方式不同可分为连续激光器和脉冲激光器，前者连续输出激光，后者则以脉冲方式输出。

口腔激光治疗机（图 2-32）是一种利用激光治疗口腔疾病的设备，主要用于去除龋坏牙体组织、牙体脱敏治疗、牙体漂白治疗、牙体倒凹的修整、口腔软组织的切除、口腔颌面部美容修复和炎症的治疗等。口腔激光治疗与传统的口腔治疗方法相比，具有操作方便、精确度高、易于消毒、对牙髓和牙龈组织及口腔颌面部软组织的损伤较轻等特点。

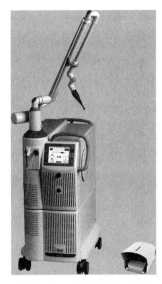

图 2-32　双波激光治疗仪

目前，激光治疗机的类型很多，包括 He-Ne 激光治疗机、CO_2 激光治疗机、脉冲 Nd：YAG 口腔激光治疗机、Er：YAG 激光治疗机以及半导体激光治疗机等。本节以常用的脉冲 Nd：YAG 口腔激光治疗机为例，介绍其结构和工作原理。脉冲 Nd：YAG 口腔激光治疗机为固体激光器，不可见光连续波，波长 1 064nm。

一、结构与工作原理

1. 结构　传统的脉冲 Nd：YAG 口腔激光治疗机主要由脉冲激光电源、激光器、指示光源、导光系统、电脑自动控制与显示系统组成。

（1）脉冲激光电源：为一种电泵装置，由储能电容器和配套电路、双向控制开关组成。

（2）激光器：脉冲 Nd：YAG 口腔激光治疗机中的激光器是掺钕钇铝石榴石激光器，其中的工作物质是掺钕钇铝石榴石晶体，它是在钇铝石榴石基质中掺入 1% 浓度左右的氧化钕，以取代一部分钇而制成。其由激光工作物质、泵浦灯、聚光腔、光学谐振腔、冷却系统组成。激光物质又称激光棒，即掺钕钇铝石榴石晶体为淡紫色，硬度高，机械性能好，导热性及化学稳定性好。

（3）指示光源：通常采用 He-Ne 激光或红色的半导体激光作为指示光源。

（4）导光系统：是将激光束导于需治疗的部位，一般采用石英光纤作为导光系统，传输损耗小，能承受很高的激光功率。

（5）控制与显示系统：由控制键或旋钮、表头、相关电路组成。用于控制和显示激光治疗机的工作状态。另外，还有计算机程序控制的脉冲 Nd：YAG 口腔激光治疗机，除有与传统型相同的部件以外，还具有能量闭环监测系统、故障诊断及显示系统、安全互锁及报警装置。

2. 工作原理　脉冲 Nd：YAG 口腔激光治疗机接通电源后，储能电容器充电，其充电电压达到预定值后，脉冲氙灯放电，氙灯产生的光能通过聚光灯反射，汇聚到激光晶体上。激光晶体吸收光能，产生粒子束反转，激光上能级的原子向激光下能级跃迁，产生激光信号。经过光学谐振腔的多次反射,通过激光晶体时产生受激辐射,光得到迅速放大,从输出镜输出激光。该激光通过聚焦透镜,汇聚耦合到光纤内,通过光纤的全内反射,传输到光纤末端输出激光,激光对被照射的组织产生热效应、压强效应、光化效应和电磁效应,从而达到治疗目的(图2-33)。

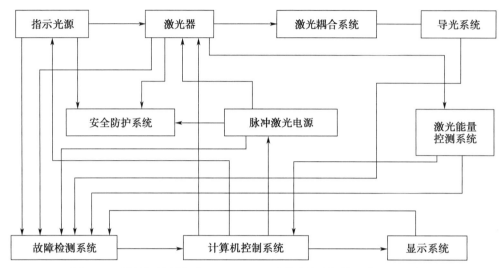

图2-33 计算机控制脉冲 Nd:YAG 口腔激光治疗机的工作原理示意图

二、操作常规

本设备使用技术要求高,在使用之前,操作人员必须进行相关培训,必须认真阅读使用说明书,严格按照说明书的要求操作。

1. 传统脉冲 Nd:YAG 口腔激光治疗机的操作常规

(1)接通电源,开启开关,启动预燃,氪灯处于预电离状态,相应指示灯亮。根据需要,旋转电压调节旋钮和频率调节旋钮至所需值。

(2)按下激光键,指示灯亮。踏下脚控开关,用相纸检测有无激光输出,有激光输出才可进行治疗。

(3)治疗时,医师和患者都应戴上激光防护镜,并让患者闭上眼睛。每治疗一位患者,都应将光纤末端受污染的部分用光纤刀去掉,进行消毒处理,晾干,以防交叉感染。

2. 计算机控制的脉冲 Nd:YAG 口腔激光治疗机的操作常规

(1)接通电源,开启开关。启动冷却系统,自动预热,治疗机进行自动监测,确认正常后,进入待机状态。根据需要,设置脉冲频率和激光功率至所需值,确认后按下指示光键。

(2)将光纤末端对准患者待治疗的部位,用脚控控制开关来控制激光的输出,进行照射治疗。治疗完成后,按待机键进入待机状态,相应指示灯亮,再次使用时可重复上述步骤。

(3)关机前,先按待机键,后将开关旋至断开状态,切断电源,拔下电源钥匙,取下光纤,将光纤插头套上防尘帽,将激光窗口的防护盖拧上,将仪器罩套在治疗机上。

三、注意事项及维护保养

1. 激光治疗机为精密设备,应注意防震、防潮、防尘。
2. 检查光纤,确认无破损,中间无断裂。

3．治疗机的工作区及防护装置的入口处应挂上相应的警告装置。

4．应防止意外的镜面反射。操作者和患者应戴上防护眼睛,患者也可以湿纱布覆盖眼睛,不让他人旁观。要时刻有自我及对他人的保护意识。

5．使用时如遇到异常情况,应立即按下急停开关,关机,查明情况并正确处理后再开机。

6．光纤末端工作时严禁指向人,不工作时,出口光路应低于人眼以下,避免误伤。严格按照临床验证的数据设定功率及频率,严格控制剂量。

7．治疗时间间隔较长时,可将治疗时间置于待机状态或关机,光纤断面一定要保持干净,不用时套上防尘罩,罩上治疗机。

8．严禁误踏脚控开关。

9．使用激光时工作人员身上不宜存留金属物,比如钢笔等,注意眼睛不要直视激光输出口。

10．保持室内环境和脉冲 Nd：YAG 口腔激光治疗机的清洁。光纤断面严禁触及它物,污染时严禁用嘴吹。

11．光纤的使用和取放应轻拿轻放,保持自然松弛,以免折断和拉断。

12．经常检查冷却系统,如有异常,及时维修,冷却水应用去离子水,并定期更换。

13．注意保护各种连接线,严禁碾压。注意防震、防尘、防潮,避免损伤光学元件。

14．长期不用时,要定期开机,通电以免机器损坏。定期全面检修。

四、常见故障及处理

计算机控制的脉冲 Nd：YAG 口腔激光治疗机有自我诊断和故障提示功能,可对照检修。

传统的脉冲 Nd：YAG 口腔激光治疗机的常见故障及处理见表2-14。

表 2-14　口腔激光治疗机常见故障及处理

故障现象	可能原因	处理
打开电源开关,治疗机不工作	急停开关处于断开状态	旋转此开关使其接通
	氙灯不预燃	关机后重新启动
	保险丝熔断	更换保险丝
	门开关处于断开状态	关紧门
冷却水漏水	水管老化	更换水管
	水泵漏水	更换水泵
光纤末端激光输出功率下降	光纤激光输入端面污染	清洗该端面
	光纤末端污染	切除污染部分
	端面被破坏	更换光纤
	激光与光纤耦合的焦点偏移	调整相应光路
	氙灯老化	更换氙灯
	激光晶体内形成色心	更换激光晶体
激光器有光纤输出,光纤末端无输出	光纤中间折断或激光耦合端面被烧坏	更换光纤
	激光耦合的焦点完全偏移	调整相应光路
氙灯已预燃,但无弧光放电	激光键未按下	按下激光键
	脚控开关未接好	重新接好
	激光电源或控制电路有故障	检修相应电路

知识拓展

激光治疗仪在口腔科中的应用

在牙周病治疗中可以降低实施翻瓣手术的概率，降低患者创伤，免除麻醉和缝合的过程，缩短恢复期。在牙龈成形术中，实现微米级安全而快速的切割而不出血，术后不需要缝合，患者的痊愈速度比非激光手术快3～6倍。激光在去龋治疗中，具有高度的选择性和精确性，可彻底去除龋坏的牙体组织而不会导致意外穿髓。在根管治疗中，可实现深层杀菌，彻底荡洗到侧支根管，可实现一次充填，减少患者复诊次数。在修复治疗中，进行牙龈成型和牙龈美学处理时，采用激光情况下不需要麻醉，术中出血少，代替止血剂和排龈线，降低临床风险，且提高了取模质量。

 小　结

本章着重介绍了口腔临床常见的医疗设备，教师可通过对该章节医疗设备的结构及原理、操作方法、维护保养及常见故障处理的讲解，让学生掌握、熟悉和了解不同设备的临床应用和操作内容，特别是口腔医学类学生，要掌握口腔综合治疗机、光固化机、超声波洁牙机、根管治疗设备等的工作原理及使用方法，学会维护和初步保养知识。对其他内容也应有相应的熟悉和了解，达到通过理论学习掌握其相关的原理，经过实验实训掌握其操作，巩固所学专业知识，达到学有所用，学有所长的目的。

思考题

1. 口腔综合治疗机的操作常规是什么？
2. 口腔综合治疗机的常见故障及其处理有哪些？
3. 牙科手机的分类、结构及工作原理、日常维护及保养是什么？
4. 光固化机的结构及工作原理是什么？
5. 超声波洁牙机的结构及工作原理是什么？
6. 超声波洁牙机的操作常规有哪些？
7. 普通口腔X线机的应用范围有哪些？
8. 数字化口腔X线机的结构及工作原理是什么？
9. 牙科X线片自动洗片机的结构及工作原理是什么？
10. 脉冲 Nd：YAG 口腔激光治疗机的工作原理是什么？

（谭　风　周　政）

第三章 修整、切割、打磨、抛光设备

学习目标

1. 掌握：模型修整机、技工用打磨机、电解抛光机的操作步骤和保养。
2. 熟悉：模型修整机、技工用打磨机、电解抛光机的结构和原理。
3. 了解：模型修整机、技工用打磨机、电解抛光机的常见故障及其排除方法。

第一节 模型修整机

　　模型修整机又称石膏打磨机，是口腔修复技工室修整石膏模型的专用设备（图3-1～图3-4）。根据修整的部位不同分为石膏模型外部修整机和内部（舌侧）修整机，内部修整机的磨头多为硬质合金，有多种型号供选择使用。根据外形不同可分为台式修整机和立式修整机。根据模型修整方法分干性修整机和湿性修整机。两者外形相似，湿性修整机有一个进水孔，在模型修整的同时有水冲洗，可更好地防尘。

图3-1　模型修整机

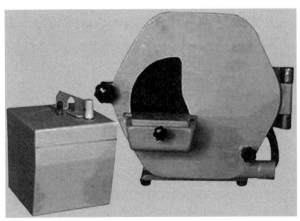

图3-2　模型修整机

图3-3　模型修整机

图3-4　模型修整机

石膏模型硬固脱膜后必须及时修整。模型修整的目的是要使其美观、整齐、利于义齿制作，且便于观察保存。模型修整的要求是：

1. 修整模型底面使其与𬌗平面平行。

2. 修整模型的四周。

3. 用工作刀修去咬合障碍的部分，去除模型𬌗面的石膏小瘤，修去黏膜反折处的边缘，并使下颌舌侧平展，以利于熔模的制作。

一、结构与工作原理

1. 结构　石膏模型修整机由电动机及传动部分、供水系统、砂轮、模型台四部分组成，其外壳为金属或非金属制作而成。

2. 工作原理　砂轮直接固定在加长的电动机轴上。接通电源后，电动机转动带动砂轮转动，湿性修整机的供水系统同步供水。石膏模型在模型台上与转动的砂轮接触，从而起到修整作用。水喷到转动的砂轮上，再经排水孔进入下水道。

二、技术参数

1. 电源：220V±22V，50Hz。

2. 功率：140W。

3. 转速：1 400～3 000r/min。

三、操作常规及注意事项

1. 石膏模型修整机应固定在有水源及有完善下水道的地方，安装的高度和方向以便于操作为宜。

2. 使用前应检查砂轮有无松动、裂痕或破损。

3. 接通水源并打开电源开关，电动机开始转动，待砂轮运转平稳后，即可进行石膏模型的修整。

4．未接通水源前不能进行操作，以防石膏粉磨堵塞砂轮上的小孔。

5．砂轮破损严重时，应更换同型号砂轮，或者翻面使用。

6．操作时切勿用力过猛，以免损坏砂轮。

7．砂轮运转过程中，切忌打磨除石膏外其他物品。

8．每次使用后必须用水冲净砂轮表面附着的石膏残渣，以保持砂轮锋利。

9．机器如长时间不用，应定期通电，避免电动机受潮，切忌将水漏进电动机内。

10．技工室设置模型修整机时，应选择较粗的下水管道，以免石膏碎块阻塞下水道，一般可采用标准管（ϕ254.0～304.8mm）。

四、常见故障及排除方法

模型修整机的常见故障及排除方法见表3-1。

表3-1 模型修整机的常见故障及排除方法

故障现象	可能原因	排除方法
插上电源插头电动机不工作	电源插头损坏，或接触不良	更换或修理电源插头
	电源开关损坏	更换电源开关
	接线盒内连线断路	焊接连线
	电动机绕组或连线断路	重新绕制电动机绕组或焊接断线
接通电源，电动机不转并发出"嗡"的声音	电动机轴承锈蚀	更换轴承
接通电源，电动机工作，但砂片不转	电动机传动部分松动打滑	紧固传动部分
	砂轮固定螺帽松动	拧紧砂轮固定螺帽

第二节 技工用打磨机

技工用打磨机是口腔技工室的基本设备之一，可用于制作口腔修复体时打磨、修改和抛光，也可用于口腔内科治疗时的牙体洞形制备和修复治疗时牙体预备等，但由于目前高速涡轮机的普及，技工打磨机已很少用于牙体制备。

目前临床上使用的打磨设备大概可分为两类：一类是微型电动打磨机，具有携带方便、操作简单、转速高、无振动感、切削力强等优点，根据安放形式的不同分为台式和吊式。台式多放在工作台上，吊式可悬挂不占用工作台面，更节省空间，使用时可根据工作场所需要具体选择。微型电动打磨机由于体积小、携带方便，可用于试戴义齿时进行少量磨改及抛光等使用。另一类是多功能切割、打磨、抛光机，体积较大、功率大、速度快、切削力强，可安装多种型号的磨头，使用方便，多用于口腔修复技工室制作过程中对修复体的切割、打磨、抛光。

一、微型电动打磨机

微型电动打磨机体积小、携带方便，适合放置在任何位置，既可水平放置也可悬吊放置（图3-5，图3-6）。吊式放置可节省场地，使操作空间得以充分有效地利用。打磨机由微电脑控制，部分机型设有转速自动锁定功能，另外还有机型有自动故障显示及转速显示。

图3-5　悬吊式微型电动打磨机

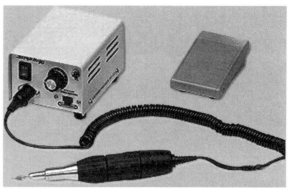
图3-6　台式微型电动打磨机

目前还有体积更小的手持微型打磨机,携带更方便,结构紧凑,重量轻,功能多,使用时只要装好随机附带的夹头(钻头、砂轮、锯片),插入 220V 电源,启动开关即可使用(图 3-7,图 3-8)。

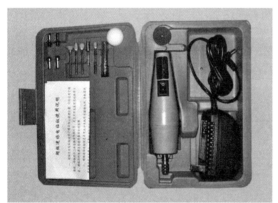
图3-7　手持微型打磨机

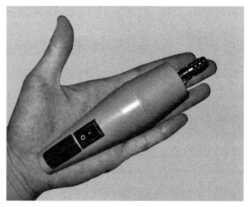
图3-8　手持微型打磨机

（一）结构与工作原理

1. 结构　由微型电机、打磨机头、控制系统等组成(图 3-9)。

（1）微型电机:位于手持机柄内,根据电机的结构不同可分为有铁芯、无铁芯、无碳刷三种。有铁芯电机的特点是效率低、易发热、转子惯性大、不易制动,在进行精细雕刻打磨时不方便。无铁芯电机的特点是电机效率高、不易发热、重量轻、转子惯性小,易于实现电子制动,适合进行精细雕刻打磨。无碳刷电机的特点是可避免电磁干扰、电机效率高、不易发热、重量轻、转子惯性大、转矩大。

（2）打磨机头:为一根空心主轴,内装有弹簧夹头,在手机外壳上,另有一套机构控制弹簧夹头的拉紧和松开。根据装卸方式不同可分为扳把式和卡环式。

（3）控制系统:用于控制和选择微型电机的启动、停止、旋转速度和旋转方向,由电源控制电路和脚控开关及各种功能开关组成。

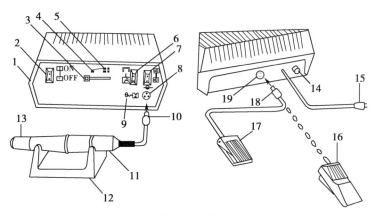

图3-9 微型电机结构示意图

1.控制器 2.电源开关 3.调速手柄 4.电源指示灯 5.速度显示灯 6.手脚控选择开关
7.正反转选择开关 8.电动机电源插座 9.恢复按钮 10.电动机电源插头 11.电动机
12.电动机托架 13.机头 14.保险装置 15.电源插头 16.可调速脚控开关 17.脚控开关
18.脚控开关插头 19.脚控开关插座

2．工作原理　为永磁直流电动机,适用于直流低压电源,直流电源流入转子绕组由于磁场的作用,产生旋转动力(图3-10)。

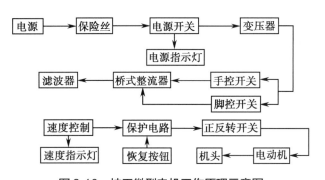

图3-10 技工微型电机工作原理示意图

（二）操作常规及维护保养

1．将微型电机电源插头插在控制器上,接通电源,按需要选择旋转方向。

2．选择合适车针并安装到打磨夹头上,确认安装是否正确。目前通用车针柄的直径为2.35mm。

3．将微型电机调速旋钮调至最低速,启动电源开关,根据需要调整转速。

4．工作结束后切断电源。

5．经常保持机头的清洁和干燥,定期用压缩空气清洗机头,定期清扫微型电机内的碳粉,防止电机短路。

6．请勿碰撞和摔打微型电机,以免损坏。不要在夹头松开的状态下使用电机,以免损坏机器。

7. 电机不用时，必须安装车针，防止无车针空转或锁紧时造成轴承损坏及夹车针的三瓣簧过紧，禁止无车针使用手机。

8. 打磨时要均匀用力，不要使用过大压力，否则会使电机过热。

9. 每次启动时要从低速开始，根据需要逐渐加大速度，并仔细检查车针有无抖动。如有，则应及时停止，检查原因，及时调整，以免发生危险。

10. 车针柄有弯曲时切勿使用，因为弯曲的车针在高速旋转下由于离心作用可发生危险，并缩短轴承的寿命，影响打磨工件质量。

11. 机器应间歇操作，连续工作不宜超过半个小时。暂停操作时，机头应放置在机头支架上，防止碰撞和跌落。

（三）常见故障及排除方法

微型电动打磨机的常见故障及其排除方法见表3-2。

表 3-2 微型电动打磨机的常见故障及其排除方法

故障现象	可能原因	排除方法
打开电源，电机不旋转	未接电源或插头无接触	检查电源，插好插头或更换插头
	保险丝熔断或电源线断路	更换同型号保险丝
	超负荷运转，保护装置自动切断电源	按恢复按钮，注意间歇操作，不能超负荷工作
	脚控开关或控制系统有故障	检修控制开关，更换损坏元件
	碳刷磨损	更换碳刷
手机震动较大，车针摆动剧烈	车针不符合标准，车针未安装到位，针柄弯曲或磨头与针柄脱离	更换标准车针，重新正确安装，确保安装到位
	轴承损坏	更换轴承
电机转速明显变慢或不转	碳刷磨头过短（无碳刷型除外）	更换碳刷
电机温度升高，转速变慢，噪音大	轴承损坏	检查更换轴承，更换时要动作快，防止定子长时间空置，导致永磁体磁性丧失
	车针未安装正确，导致转轴扭力过大，致使电机和夹头温度升高	重新安装车针，清理弹簧夹头内的粉尘污物
	微电机有短路，造成电流过大	检修微电机，消除短路因素
	使用方法不当或时间过长	间歇使用，避免发热损坏电机
电机运转时有异味和杂音	车针未夹紧	夹紧车针
	机头缺油摩擦升温	机头定期添加润滑油

二、多功能切割、打磨、抛光机

多功能切割、打磨、抛光机（图3-11，图3-12）用于金属铸件的切割和义齿的打磨、抛光等。良好的多功能切割、打磨、抛光机应具有性能稳定、噪音小、体积小、防震动、防尘好及操作简便等优点。常用的有台式和便携式。

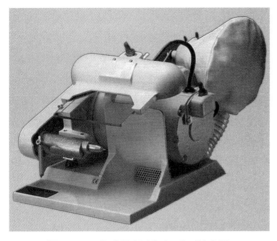
图 3-11　多功能切割、打磨、抛光机

图 3-12　多功能切割、打磨、抛光机

（一）结构与工作原理

1. 结构　其外形与技工打磨机相似，备有安全防护装置，外壳系合金铸件，具有安全可靠、耐腐蚀等特点。轴的一端可安置形态各异的砂轮，另一端安装不同类型的砂片。

（1）电动机主机座部分：包括双伸轴单相异步电容启动电动机、电源线主机开关。按功能分为固定转速电动机和无级变速电动机。前者转速一般为 1 450～2 900r/min，后者的转速调解为 0～10 000r/min。无级变速电动机使用较广。

（2）切割部分：包括防护罩、砂片、固定砂片的夹具等。

（3）打磨抛光部分：包括砂轮、止推螺母、连接套和钻轧头等。

2. 工作原理　单相异步电动机的旋转原理与技工打磨机相同，即通电后定子线圈产生磁场，在旋转磁场的作用下，具有双伸轴结构的转子开始旋转，达到切割和打磨的目的。由于单向交流电不产生旋转磁场，因此单相异步电动机需增加启动部分。常用的方法是电容启动电动机，即电容器、离心开关和启动绕组串联后和运行绕组并联接入 220V 电源。电容器的作用是把单向交流电转变为双向交流电，分别加在运行绕组和启动绕组上，当具有 90°相位差的两个电流通过空间差 90°的两相绕组时，产生的磁场就是一个旋转磁场，于是在旋转磁场作用下转子得到启动转距而开始运动。

（二）技术参数

1. 电源电压：220V±22V，50Hz。

2. 电源功率：250～370W。

3. 电机转速：3 000～17 000r/min

（三）操作常规及维护保养

1. 将机器平放在工作台上，并有良好接地装置。转动电源开关，接通电源。

2. 操作前检查砂片是否与防护罩或其他东西接触。若有，必须调整角度，然后再启动电动机。

3. 切割金属工件时，必须注意砂片的转动速度不要太快，否则因离心力的作用易发生砂片飞裂事故，造成人身伤害。

4. 切割金属时不可用力过猛或左右摆动，以防砂片折断或破裂伤及人体。

5. 操作者一般不能直接面对旋转切割砂片操作，以免发生意外。

6. 工作时应采用吸尘器收集砂灰，以防环境污染，并保护操作人员健康。

7. 砂片使用一段时间后容易破损或破裂，要及时检查报废，更换同型号的砂片。

8. 砂片厚度应超过定位轴套台阶长度的0.5～1.5mm，通过紧固螺母将砂片牢固压紧。

9. 砂片两面必须垫上软垫板(石棉纸或有一定厚度的橡皮垫)，防止砂片压紧时发生压裂或破损。

10. 使用钻轧头时，首先要擦净电动机轴端锥度面和钻轧头锥空，然后用木槌轻拍钻轧头，使之紧固。不用时，扳动止推螺母，利用螺母旋转力把钻轧头退出、卸下，以便下次再用。同时，要保护好电动机锥面，防止锈蚀、划伤或撞弯等。

11. 保持电动机干燥，不得有水进入绕组，经常清除砂灰，每半年拆卸电动机保养一次，注意轴承加油。

（四）常见故障及排除方法

多功能切割、打磨、抛光机的常见故障及其排除方法见表3-3。

表3-3 多功能切割、打磨、抛光机的常见故障及其排除方法

故障现象	可能原因	排除方法
电动机不启动	电源未接通	检查电源
	保险丝熔断	更换保险丝
	电源插头线松脱	接牢插头线
	电动机绕组断线	修理电动机
	启动电容器失效	更换电容器
电动机转动慢	电压过低	检查电源电压
	主绕组短路	检修短路部位
	转子有断裂	修理或更换转子
	轴承损坏	更换轴承
	电容器损坏	更换电容器
电动机运转时发出异常声音	定子与转子之间过度摩擦	调整两端压盖
	轴承破裂	更换轴承
	轴承转动部分未加润滑油	清洗轴承，加润滑油
电动机运转时发出异味并过热	电压过高	检查电源电压
	电动机过载	降低负荷，不要连续运作时间过长
	电动机绕组短路	重新绕制绕组

第三节 电解抛光机

电解抛光机是利用电化学的原理，在特定的溶液中进行阳极电解，整平金属表面，降低金属表面粗糙度，并提高其表面光泽从而对金属表面进行电解抛光的设备(图3-13，图3-14)。与机械抛光相比，最大限度地保留了铸件的几何形状，并提高了铸件表面的光洁度，具有生产效率高、成本低、操作方便、不产生表面加工应力、操作时间短等优点，为了安全考虑，现已设计有自我保护装置。

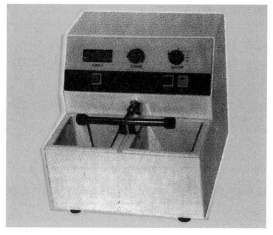

图3-13 电解抛光机

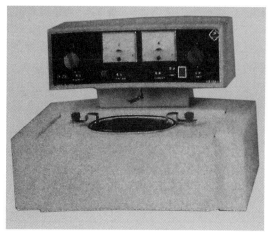

图3-14 电解抛光机

一、结构与工作原理

1. 结构　由电源及电子电路、电解抛光箱两部分组成。

（1）电源及电子电路：是提供电解抛光时所需的电源并控制抛光时间的部件,由整流电路、时间控制电路、电流调节电路、电流输出电路等组成。

（2）电解抛光箱：是存放电解液,放置铸件进行抛光的部分。由电解槽、电极、控制面板组成。电极分阳极和阴极,在电解抛光时,将铸件和阳极连接放入电解液中,阴极接电解槽,控制面板上有相关旋钮,用来调节所需的电流、时间、开关等。

2. 工作原理　电化学抛光是利用金属电化学阳极溶解原理进行修磨抛光。它不受材料硬度和韧性的限制,可抛光各种复杂形状的工件。抛光铸件在电解液中位于阳极,电解槽处于阴极,在电场的作用下,铸件表面产生一层高阻抗黏膜,如果铸件表面不平,则凸起部分表面的黏膜比凹下部位的黏膜薄,因此凸起部分会先被电解,依此原理,整个铸件表面可光滑平整。

二、操作常规及维护保养

1. 在电解槽中放入电解液,并按需要调节加热温度,设定好时间和电流。

2. 将铸件放入电解液中,接好电极,打开电源开关,开始抛光。

3. 抛光结束,电流表返回0,若觉得效果不佳,可重复上述步骤,直至满意为止。

4. 使用设备时,电源电压要稳定,并符合设备要求。

5. 经常检查设备有无破损。

6. 工作时,注意观察电极接触是否良好。

7. 使用后,要倒出电解液,清洗电解槽。

三、常见故障及排除方法

电解抛光机的常见故障及其排除方法见表3-4。

表3-4 电解抛光机的常见故障及其排除方法

故障现象	可能原因	排除方法
打开开关,设备不工作	保险丝断	接通或更换保险丝
	电源线路断开或变压器故障	更换或修理电源线和变压器
	整流电流故障	检修整流电路,更换损坏部件
	时间控制电路损坏	更换损坏元件
无电流输出或输出电流不可调	电流输出故障	检修电流输出故障,更换损坏元件
	电流调整电路故障	检修电流调整故障,更换损坏部件
	电流表损坏	更换电流表
	电流调节电位器接触不良	清洁接触点
时间不能控制	时间控制电路损坏	更换电路

 知识拓展

台式(立式)牙钻机

台式牙钻机属电动牙钻机,电动牙钻机根据设计形式的不同,有台式、立式、机载式、壁挂式等,虽然形式不同,但工作原理及构造基本相同。现用途较广的是台式牙钻机。台式牙钻机可用于牙体的磨削制备和钻孔、修复体的修整和抛光等。由于气动牙钻机的出现,电动牙钻机因为速度较低且无法降温已较少用于牙体的磨削制备。由于其体积小、携带方便、价格低廉、使用简单,目前多用于基层医疗单位和口腔临床教学。其结构由电动机、机臂、车绳、手机、机座和脚控开关等组成。其工作原理是:

1. 采用单相串激式电动机 其转子上有电枢绕组和换向器,定子上有两组激磁绕组构成一对磁极,激磁绕组与电枢绕组经碳刷与换向器串联,接在单相交流电源上。在单相串激式电动机中,电枢电流与磁通几乎在同相位上变化(大小和方向),故转子受瞬时转矩的驱动,使电动机转动。

2. 调速方式 有自耦变压器调速和电阻器调速两种方式。有的电动牙钻机设有正反向开关,有的是利用可控硅进行无级调速,用脚踏开关控制速度。

 小 结

本章着重介绍了口腔修复工艺常见的设备,教师可通过对该章节设备原理、操作及维护保养的讲解,使学生掌握、熟悉和了解不同设备的临床应用和操作内容,特别是口腔医学类学生,要掌握模型修整机、技工用打磨机、电解抛光机的操作步骤和保养,熟悉模型修整机、技工用打磨机、电解抛光机的结构和原理,了解模型修整机、技工用打磨机、电解抛光机的常见故障及其排除方法。达到通过理论学习掌握其相关的原理,经过实验实训掌握其操作,巩固所学专业知识,达到学有所用、学有所长的目的。

思考题

1. 模型修整机的操作常规有哪些？
2. 微型电动打磨机的优点有哪些？
3. 微型电动打磨机的结构及工作原理是什么？
4. 多功能切割、打磨、抛光机的结构及工作原理是什么？
5. 电解抛光机的组成及工作原理是什么？

（周　政）

第四章　铸造烤瓷设备

学习目标

1. 掌握：琼脂溶化器，真空搅拌机，箱型电阻炉，中熔、高熔铸造机，喷砂机，超声波清洗机及烤瓷炉的操作程序。
2. 熟悉：中熔、高熔铸造机和烤瓷炉的工作原理。
3. 了解：各型钛金属铸造机的工作原理和操作程序。

　　铸造是现代口腔修复制作程序中重要的工艺过程之一，随着固定修复技术、精密铸造、烤瓷修复体、钛及钛合金修复体等的推广普及，铸造技术已成为口腔修复工艺使用最多的技术，其设备仪器也成为研发的重点。

　　烤瓷技术于20世纪70年代末引入我国，目前在大中城市已得到较为广泛的应用。

第一节　琼脂溶化器

　　琼脂为可逆性弹性印模材料，可用于临床取口腔印模，也可在技工室进行带模铸造时翻制印模、灌制铸造耐火模型时使用。琼脂常温下是一种有弹性的胶状物质，温度升高，可由胶状固态向液态转化。琼脂溶化器（图 4-1）的主要功能就是热熔琼脂并自动恒温控制，使琼脂保持在流体状态，常见机型还有带有自动搅拌等功能，故又称之为琼脂搅拌机（图 4-2，图 4-3）。由于琼脂种类和应用场合不同，同类产品参数有区别，但其工作原理基本相同，运行可靠、操作简便。下面详细介绍琼脂搅拌机。

一、结构与工作原理

　　1. 结构　由温度控制系统和电动搅拌系统构成，主要装置包括琼脂锅、加热线圈、搅拌器、温控

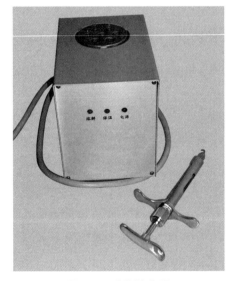

图4-1　琼脂溶化器

表、放料球阀、放料口、机壳前面板、电源开关(红色)、低温保温开关(蓝色)、解冻搅拌开关(绿色)等。

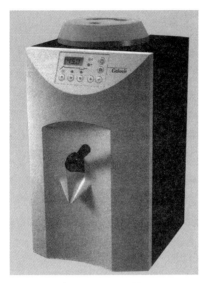

图 4-2　琼脂搅拌机　　　　　　　　　图 4-3　琼脂搅拌机

2．工作原理　利用附着在锅外的电阻丝加热带加热琼脂,采用高低双温数字控制器,可在低温下长时间保温,使琼脂在略高于凝固临界点温度时放出,进行浇铸,从而获得低气泡的铸模。

(1)全循环状态(即常规使用状态):当绿色按键被选择在搅拌状态时,接通电源,自动进入全循环状态。此时,琼脂在搅拌状态下,加热至上限温度(一般设定为 90℃),当琼脂达到上限温度时,加热线圈自行切断,加热停止,红灯亮,风扇被接通,使琼脂降温,但此时锅内温度仍会向上升 1～2℃。当琼脂温度下降至下限温度时(根据下限设置,一般为 55℃)加热线圈再次接通,风扇切断,并自动进入保温程序。此时,琼脂将在设定的下限温度进行保温。

(2)保温循环状态:当锅内琼脂不需要加热时,通电后,按下蓝色按钮,程序将进入保温状态,琼脂处于保温状态,可随时使用。

(3)解冻与搅拌:这两种状态由一个绿色开关控制,该开关按下时为解冻,弹起时为搅拌。当琼脂被解冻或临界解冻时,是不允许搅拌的,需进行低功率加热解冻后,方可进入正常程序。

二、技术参数

1．电源电压:220V,50Hz。

2．功率:≥1 200W。

3．电机转速:40r/min。

4．加热功率:500W。

5．琼脂容量:3～5kg。

三、操作常规

1．接通电源,打开电源开关,向锅内加入 3kg 以上的小块琼脂,先进行解冻,然后再搅拌。

2．设定上限温度为 90℃，下限温度为 55℃。面板红色屏幕上即显出锅内的实际温度。

3．投入琼脂，当锅内温度升到 55～60℃时，可根据需要把小块琼脂加足。

4．锅内的琼脂加热到下限温度 55℃时，绿灯灭；加热到上限温度 90℃时，加热线圈断电停止解热，风机自动启动，红灯亮，锅内温度开始下降。当锅内温度降至 55℃时，红灯灭，锅内琼脂处于可浇铸状态。

5．拉动球阀，琼脂液体由面板下方的放料口流出，可进行连续浇注使用。

6．长时间不浇铸时，应关闭电源开关，拔掉插头。

四、维护保养

1．琼脂搅拌机属电源加温式仪器，应注意防电防烫。

2．要严格按照规范进行操作。

3．出现故障时，应由专业维修人员进行维修，不得自行拆卸。

4．琼脂搅拌机工作时，锅内所加的琼脂不得少于 3kg，否则会产生糊锅现象，更不允许干烧以防损坏电器设备。

5．锅内有冻结的固体琼脂时，启动电源开关前，应置绿色开关于解冻位置。勿处于搅拌状态，否则强制搅拌，被琼脂冻结的叶片可发生损坏，或导致电机烧坏。为提高解冻速度，可将锅内固体琼脂切成碎块，待锅内琼脂开始熔化时，再分次加料，转入正常工作。

6．每次开机必须检查上下限温度设定是否正确。

第二节　真空搅拌机

真空搅拌机是口腔修复科的专用设备（图 4-4，图 4-5），主要用于搅拌石膏或包埋材料与水的混合物。混合物在真空状态下搅拌可防止产生气泡，使灌注的模型或包埋铸件精确度高。

图 4-4　真空搅拌机

图 4-5　真空搅拌机

一、结构与工作原理

1．结构　由真空发生器、搅拌器、料罐自动升降器、程序控制模块等部件组成。

（1）真空发生器：采用压缩空气射流负压发生器，具有体积小、噪音低、负压高等特点。

（2）搅拌器：采用变速电机搅拌，在开始和结束时电机慢速搅拌，可以避免产生气泡。

（3）料罐自动升降器：采用气动升降，自动化程度高，搅拌时无需手扶料罐。

（4）程序控制模块：采用集成控制电路，用于设定搅拌时间和真空度。

2．工作原理　接通电源后，控制器开始工作，启动真空发生器和搅拌电机，产生真空并开始搅拌，按设定时间完成后停止。

二、技术参数

1．电源：220V，50Hz。

2．功率：≥150W。

3．外接气体压力：0.5～0.75MPa。

4．真空度：10～20kPa。

5．搅拌速度：560～600r/min。

三、操作常规

1．打开电源，电源指示灯和空气压力指示灯亮。

2．设定搅拌时间和真空时间。先启动搅拌器，再启动真空控制器。

3．按比例取出所需搅拌的粉和液，先注入水，再放粉于搅拌罐中，搅拌15～30秒，确保粉完全湿润，待搅拌均匀后，装好密封盖，置于搅拌平台上，按搅拌罐的指示线放置在正中位置。

4．将控制真空吸管连接在搅拌罐的真空管接头上。

5．检查时间器，打开启动键，搅拌平台上升，真空指示灯亮，开始抽真空（在10秒内真空度可升至0.7MPa），3秒后搅拌器达到高速转动，搅拌物完全混合。

6．搅拌结束，机器发出声音提示，搅拌停止。搅拌平台下降恢复原位。将搅拌罐从平台取下，拔下真空管，搅拌完成。

7．打开密封盖，取用搅拌好的物料。

8．清洗料罐和搅拌刀。

四、维护保养

1．搅拌罐内的混合物不宜太满，以免抽真空时混合物进入真空吸管，造成堵塞。

2．注意设备卫生，每次使用后应及时清洗。

3．定期清洁真空管过滤丝网，保持调和器清洁。

4．正确使用机具。

5．注意不要用湿手去开关电源，以防触电。不要触碰机械转动部分，以免受伤。

6．空气压力不得超过0.75MPa。

五、常见故障及处理

真空搅拌机的常见故障及处理见表 4-1。

表 4-1 真空搅拌机的常见故障及处理

故障现象	可能原因	处理
空气压力指示灯不亮	气源压力过小，小于 0.5MPa	调整气源压力
搅拌平台不上升	搅拌升降器故障	检查修理
机器无法抽真空	真空连接口内过滤网粘上污物 真空发生器故障	清洁真空管路、更换滤网 检查维修

第三节 箱型电阻炉

箱型电阻炉又称预热炉或茂福炉，主要用于口腔修复中铸造蜡型去蜡、铸造模型的预热（图 4-6，图 4-7）。目前牙科常用的电阻炉主要有加热系统、时间控制及温度控制器等组成。温度控制器能在 0～1 000℃内进行调节，从而达到控制电阻炉温度的目的。

图 4-6 箱型电阻炉

图 4-7 箱型电阻炉

一、结构与工作原理

1. 结构 由炉体、炉膛和加热元件及时间 - 温度控制系统等组成。

（1）炉体：由铸铁、角钢、薄钢板等构成，金属外壳表层为静电喷漆。

（2）炉膛：为碳化硅制成的长方体，位于炉体内部，与炉壳间有绝热保温材料填塞。

（3）发热元件：由电阻丝制成螺旋形，盘绕在炉膛的四壁。

（4）控制系统：由时间和温度控制系统组成。

2. 工作原理 接通电源后，发热元件开始升温，其温度由控制器内的动圈式温度指示器调节仪控制。温度指示调节仪是一个磁电式的表头，可动线圈有游丝支撑，处于磁钢形成的永久磁场中。感应元件将热能转变为电子信号，使可动线圈流过电流，此电流产生磁场与永久磁场作用，产生力矩，驱动指针偏转至一定角度被游丝扭转产生的力矩平衡，指针指示感温元件相对应的温度值，到达设定温度时，加热元件的电源可自动断开。

二、技术参数

1. 额定功率：2～12kW。
2. 电源电压：220V，50Hz。
3. 最高温度：±1 000℃。
4. 常用温度：950℃。
5. 升温时间：60～150分钟。

三、操作常规

1. 启动电源前，必须检查电源接头和电源线是否完好，以防触电，还应检查炉门封闭性是否良好，确保能正常使用。
2. 打开电源，检查设备信号灯能否正常显示和加热。打开炉门，检查炉内是否有杂物遗留，清理后方可使用。
3. 装炉 按照要求放入铸件，减少磕碰以免损坏加热元件隔板或炉膛。
4. 升温保温过程中，禁止炉温超过设备规定的最高工作温度。
5. 保温结束，关闭加热电源，打开炉门。
6. 作业结束，查看并清理炉内残留物，关闭仪表开关，关闭总电源。

四、维护保养

1. 电阻炉平放在台面上，避免震动。
2. 长期停用后再次使用，必须进行烘炉。从200℃至600℃，烘烤4小时。
3. 使用时炉温不得超过最高温度，以免烧坏电器元件。
4. 禁止向炉膛内灌制各种液体及熔解的金属。
5. 电阻炉和毫伏计的工作环境为无导电尘埃、爆炸性气体和腐蚀性气体的场所，相对湿度不得超过85%。
6. 定期检查电阻炉和毫伏计各接头是否良好。毫伏计有无卡针，并经常用电位差计校对。
7. 保持炉膛清洁干燥。

五、常见故障及处理

带有微电脑自测功能的电阻炉可对故障进行检测，并提示故障原因和解决方法。无微电脑自测功能的，要根据操作经验，分析故障现象，判断可能存在的原因，并加以处理。

箱型电阻炉的常见故障及处理见表4-2。

表4-2 箱型电阻炉的常见故障及处理

故障现象	原因	处理
炉膛不热	接线未牢	检查并固定接线
	保险丝熔断	更换保险丝
	面板电源开关损坏	更换电源开关
	毫伏计电流表有损坏	更换电流表
	炉丝烧断	更换炉丝
	交流接触器线圈短路	更换或修理交流器
	交流接触器触点接触不良	用砂纸打磨接触点
接通电源毫伏计不工作	毫伏计内变压器或继电器损坏	修理或更换
	热电偶损坏	更换热电偶
	电子元件损坏	更换电子元件
	表头损坏	更换表头
	检测线圈短路	更换或重新绕制

第四节　中熔、高熔铸造机

牙科铸造机是口腔修复体制作的必需设备，用于各类活动义齿支架、嵌体、固定义齿的制作，按其铸造原理有蒸汽压力铸造机、离心铸造机、真空加压铸造机（图4-8～图4-10）。

在铸造过程中熔化合金使用的热源可为汽油空气吹管、乙炔氧气吹管以及高频感应熔化合金，前两者由于有温度的限制，现在使用日渐减少。如今应用最广的是高频感应熔化技术。将高频感应熔化技术和离心铸造技术相结合成的高频感应铸造机，已成为现在铸造设备的主流，随着科学技术的发展，铸造机的功能在不断改进，但基本工作原理类似。

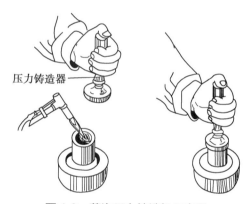

图4-8　蒸汽压力铸造机示意图

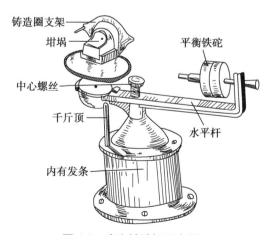

图4-9　离心铸造机示意图

图4-10　真空加压铸造机示意图

一、普通离心铸造机

离心铸造是利用电动机或发条的强力带动，使旋转机臂高速转动而产生离心力，将熔化的合金注入铸型内，完成铸造的过程。

普通离心铸造机的旋转机臂以旋转轴为中心，一端安放铸圈及坩埚，另一端为平衡侧，可根据铸圈的大小进行调整，使两端平衡。当坩埚内的合金完全熔化，启动旋转机臂，通过机臂的高速转动获得离心力，将液态合金注入铸型内，完成铸造。离心铸造机分为立式和卧式两种，可用于中熔、高熔合金的铸造。

二、高频离心铸造机

高频离心铸造机（图4-11）是用于熔化和铸造各种口腔用中高熔合金，如钴铬合金、镍铬合金，可制备各类义齿支架、嵌体、冠桥等铸件。其特点有：熔解过程是通过电磁感应在合金内部进行，不会造成被熔合金与碳元素反应而影响其晶相结构；无灰无烟，不污染工作室环境；熔解速度快，氧化残渣少，被熔合金流动性好，铸造成功率较高；配有多用铸模可调托架，适用于各型铸圈，铸造准确性高；由于高频磁场在一定距离内能影响人体健康，如不注意防护，对人体有潜在危害。该机按其冷却电子管和感应圈不同可分为风冷式和水冷式。下面着重介绍风冷式高频离心铸造机。

图4-11　高频离心铸造机

风冷式高频离心铸造机采用风机强制电子管和感应圈冷却。全部熔铸操作自动化，并设有安全保护装置，使用可靠。此外，还设有多用熔模可调托架，适用于各类大小铸型，铸造准确率高。

（一）结构及工作原理

1．结构　主要由高频振荡装置、铸造室及滑台、箱体系统三部分组成，全机多呈柜式，带有脚轮，方便操作及检修。

（1）高频振荡装置：包括高压整流电源、电感三点式振荡器。电感回授三点式振荡器由金属陶瓷振荡管和电子元件等组成。

（2）铸造室及滑台：有开关、配重螺母、多用托模架、挡板、调整杆、风管、调整杆紧固螺钉、电极滑块、压紧螺母和定位电极等。

（3）箱体系统：整机面板构造包括电源总开关、熔解按钮、铸造按钮、工作停止按钮、电源指示灯、板极电流表、栅极电流表、合金选择按钮、铸造室机盖、观察窗、通风孔、机器后侧接地线及电源线等。

2．工作原理　基本原理为高频电流感应加热原理。高频电流是频率为 $1.2 \sim 2.0 \mathrm{MHz}$ 的交变电流，高频电流产生的电磁场称高频电磁场，如果将金属材料置于高频电磁场的范围内，在高频电磁场的作用下，根据电磁感应原理，坩埚内的合金受高频电磁场磁力线的切割，产生感应电动势，从而出现一定强度的涡流，使合金发生集肤效应（又叫趋肤效应，当交变电流通过导体时,电流将集中在导体表面流过,这种现象叫集肤效应),即高频涡流在合金表面产生短路,将电能转换为热能,使金属材料发热,直至熔解实现铸造。此过程无烟、无尘、无噪声,由于无电极参加熔解,不会造成合金材料渗碳和元素烧毁,不改变合金的物理性能和化学性能,熔解速度快,被熔合金流动性好。

3．技术参数

(1) 额定功率：6.5kW。

(2) 电源：220V, 50Hz。

(3) 高频振荡频率：1.6MHz±0.2MHz。

(4) 最大熔金量：50g。

(5) 自动铸造时间 30g Co-Cr<65 秒。

(6) 旋转速度：500r/min。

(7) 铸造臂半径：210mm。

(8) 铸造电动机功率：0.37kW。

(二) 操作常规

1．操作前应确保设备有良好的接地保护装置。接通电源前检查地线是否接好,其接地电阻不得大于 4Ω。同时,要有专用的保护接地线,保证有良好接地。

此外,还应有稳定的电源电压和频率,波动范围 ±10%。电源容量不得低于额定数。

2．根据合金种类和重量,选择并调整熔金程序。一般钴铬合金选 2～3 挡,镍铬合金 2～4 挡,铜合金、金合金、银合金 5～6 挡。

3．打开电源总开关,指示灯亮,风机冷却系统开始工作。开机后预热 5～10 分钟开始熔铸。

4．将已加温预热的铸模,放在"V"形托架上,迅速进行配置,调整配重螺母,达到平衡后锁紧。

5．将滑台对准电位电极刻线,以便接通控制高压电路,否则不能熔解合金。

6．关好机盖,按动熔解按钮,熔解指示灯亮,栅极和板极电流表指针分别显示读数,其比值为 1∶4～1∶5。

7．通过观察窗观察熔解过程,当达到最佳铸造时机时(即绝大多数合金融熔,铸金崩塌呈现镜面,镜面破裂即为最佳时机),立即按动铸造按钮,铸造指示灯亮,滑台转动开始铸造。根据不同熔金要求控制铸造时间,一般为 3～10 秒。

8．按停止按钮,铸造即停止,熔铸过程完成。待离心滑台停止转动后,打开机盖取出铸模,随即将滑台对准定位线,使工作线圈充分冷却,以待再用。若不再使用铸造机,冷却 5～10 分钟后关闭电源。

(三) 使用注意事项

1．使用设备的环境温度为 5～35℃,相对湿度小于 75%。

2．开机接通电源,先预热 5 分钟,铸造完毕,通风机要再运行冷却 5 分钟。

3．若需连续铸造,每次应间歇 3～5 分钟,并使滑台对准定位线,以保证感应圈充分冷却。连续铸造 5 次后,应间歇冷却 10 分钟。

4．熔解过程中不要拨动熔金选择旋钮,以防发生触电现象。并注意观察熔金的沸点是否出现,不得超温熔解,以防烧穿坩埚。

5．按停止按钮后,滑台因惯性仍继续转动时,禁止拨动熔金按钮,以防电击损坏设备。

6．要有稳定的电压保证，电压波动范围在 ±10V 之内。过高或过低的电压均会影响合金的熔解。

7．使用时要注意是否有异常声音和气味，若有，要及时切断电源进行检查。

（四）维护保养

1．保持设备清洁和干燥，每次铸造后必须清扫铸造仓，取出残渣。铸造仓内不准存放工具和杂物。

2．旋转的电刷（电极套）和电极均应保持清洁，不应有杂物，防止高频短路。必要时可更换石墨电刷。

3．经常检查指示仪是否有卡针和零位不准现象，按钮、开关及指示灯等部件有无松动或失灵。

4．每隔 3 个月检查一次机内电路的绝缘电阻、电源、接地线、高压电极以及高频回路等部件。绝缘电阻不得小于 20MΩ/500V。

5．每隔 6 个月给振荡盒风机加注润滑油一次，并检查交流接触器及继电器等控制部分的工作是否正常。

（五）常见故障及处理

风冷式高频离心铸造机的常见故障及处理见表 4-3。

表 4-3　风冷式高频离心铸造机的常见故障及处理

故障现象	可能原因	处理
熔化时间过长或不能熔化金属	栅极电阻、栅极电容器及栅极线圈的电器连接不良或松动，至振荡失调	拧紧各电器连接处，或用砂纸打磨连接处
	栅极与板极电流比值不正确	调整耦合度，使栅板电流值比为 1:4～1:6
	电子管灯丝连接电极环烧焦氧化	更换电极环
滑台工作不正常	滑台内有异物影响了滑台的运转，或电机损伤接触不良	检查清除异物，检修电机
熔金时有异常啸叫声	熔金接触器中有大量粉尘	清除粉尘，及时检修
电流表指针摆动或卡针	栅极与板极电流表的旁路保护电容器击穿或短路	更换栅极与板极电流表的旁路保护电容器
	栅极与板极电流表损坏	更换电流表
	振荡失调，振荡槽路电气连接松动	调整耦合度，拧紧各电气连接部位
直流高压馈不上或无高压	高压隔直流电容器被击穿	更换高压隔直流电容器
	整机保险丝被熔断	更换保险丝
	交流接触器接触不良	用细砂纸打磨接触点
	硅整流堆短路或断路	更换硅整流堆
	振荡电路断路	焊接断路部位
	定时开关石墨电刷接触不良	用细砂纸打磨接触点
机箱过热	连续铸造频繁，风冷间歇不足，风冷系统故障，振荡回路轴流风机故障	避免频繁使用，要有间歇时间，修理轴流风机
	栅极与板极电流比值失调，板极电流超过额定值	调整耦合度，限制板极电流使栅极与板极电流值正常
熔化金属后不停机	高压控制电路失控	立即关闭总电源，更换交流接触器和停熔按钮

续表

故障现象	可能原因	处理
机箱漏电	接地装置故障或电器连接线与机壳相交	立即关闭电源,检查机壳及接地装置
整机接通电源开关,机器不工作	保险丝熔断,双极开关热丝脱扣,双极开关接触不良,有时机内有异常电击声	更换保险丝和双极开关,砂纸打磨双极开关,清除机内潮气
离心转速减慢	离心电动机故障 皮带松脱或打滑	修理或更换离心电动机 更换皮带
铸造室全机抖振	配重平衡不好或螺母松动 脚轮松动或移动	保持配重平衡,拧紧螺母 固定脚轮,安放平稳
坩埚溅溶液	坩埚与铸圈未对准 铸型托松动 感应加热器在离心滑架上移动不灵活	调整坩埚口 拧紧托架 调整感应加热器

三、真空加压铸造机

真空加压铸造机是较离心铸造机更为先进的一种微电脑控制的新型金属铸造机,可自动或手动完成金属的熔化压差式铸造。因其熔金速度快,并有真空加压及氩气保护装置,避免了合金成分的氧化,使合金的质量更有保证。同时,真空加压铸造机具有自动化程度高、体积小、容易操作等特点。

（一）结构及工作原理

1. 结构　由真空装置、氩气装置、铸造装置、箱体系统等组成。一般呈柜式,下部有轮,移动方便。

（1）真空装置:由真空泵、连接管、控制线路等组成。

（2）氩气装置:由氩气瓶、流量和气压表、连接管、控制线路组成,一般氩气压力为0.3MPa。

（3）铸造装置:包括熔解室和铸造室,由电极、开关、托模架、挡板、调整杆、氩气喷嘴、密封圈组成。

（4）箱体系统:由电源开关、编程键、熔解按钮、铸造按钮、工作停止按钮、合金选择钮、铸造观察窗、水箱、通风口、铸造温度及时间显示窗口、地线和电源线组成。

2. 工作原理　采用直流电弧加热方式。铸造前,将坩埚和铸圈一起在高温电炉内预热。铸造时,打开电源开关,将铸金放入坩埚内,在真空条件下,通入氩气惰性气体保护,将合金材料直接用直流电弧加热、熔融。然后,将焙烧好的铸圈倒置在坩埚口上并固定,然后由真空炉内的气压和大气压力的差形成负压,将熔化的合金吸入铸模内铸造。

（二）操作常规

1. 操作前准备

（1）安放设备时,按要求铸造机应与周围物体有一定距离,以利设备通风。

（2）检查氩气管进气端与铸造机后部氩气连接器的连接是否良好,以及流量计和压力表是否能正确工作。

（3）锁住脚轮,以防设备滑脱移位。

（4）根据合金种类选择自动操作或手工操作。通常微电脑中已设定铸造程序的,可用自动操作,而未设定铸造程序的,则用手工操作。

2. 自动操作

(1)接通电源,指示灯亮,按自动键,风冷系统开始工作,开机后预热5~10分钟开始铸造。

(2)选择所用合金对应的铸造程序。

(3)放入焙烧后的铸型,调整好位置,使之平衡。

(4)将坩埚放入坩埚槽内。

(5)把合金放入坩埚底部,并顺时针旋转氩气孔,使其位于坩埚上方。

(6)解开锁片,使铸型固定在支槽片和锁片之间。

(7)迅速关闭铸造室。

(8)启动开始键,微电脑开始工作,抽真空,通氩气,合金的熔解、铸造等过程将自动完成,整个过程中数字显示器将显示出铸造过程及合金的实际温度。

(9)当铸造完成后,启动停止键,取出铸型。

3. 手工操作

(1)打开电源开关,指示灯亮,选择手工操作模式。

(2)放入铸型,并使其处于平衡状态。

(3)选择坩埚并正确放入坩埚槽内。

(4)准确调整好铸型位置。

(5)顺时针旋转氩气孔,直至该孔对准坩埚,使铸型固定在支槽片和锁片之间。

(6)迅速关闭铸造室。

(7)按熔化键开始抽真空,完成后通入氩气熔化合金,一旦数字显示的温度和操作者观测到的温度达到了铸造温度,应按保持键,以保持铸造温度。

(8)按铸造键,开始铸造。

(9)铸造完成按停止键,取出铸型。

（三）维护保养

1. 每次使用前检查铸造室,清除残渣碎屑。

2. 每周检查铸圈的冷却片、带状线缆及其终端。

3. 每周用清洁剂擦拭可监视镜头。

4. 每次使用前检查真空度和氩气压力,是否符合要求。

（四）常用故障及处理

真空加压铸造机的常见故障及处理见表4-4。

表4-4　真空加压铸造机的常见故障及处理

故障现象	可能原因	处理
真空不良	真空泵故障	检修真空泵
	密封垫损伤或未扣紧	更换或压紧密封垫
	连接管漏气	更换连接管
设备不工作	程序设定错误	重新设定
	铸造室门未关	关门
	电源不通	检查供电电源
熔金时间过长	电路板损坏	更换电路板,重新设定

续表

故障现象	可能原因	处理
氩气压力不足	密封垫损伤或未压紧 输入气压不足 减压阀故障	更换或压紧密封垫 检查气源压力 检修减压阀
氩气压力过高	高压调压阀故障	检修高压调压阀
坩埚溅熔金	坩埚和铸圈口对位不良 或松动	重新对位或固定坩埚

知识拓展

金沉积仪

金沉积仪又名电镀仪,简称金沉积。该设备利用电解沉积原理,对翻制带有基牙模型的预备体表面进行金元素的化学结构沉积,形成具有一定厚度的牙科纯金修复体。采用该工艺制成的嵌体、高嵌体、单冠、固定桥、种植体等修复体具有极高的精确性和生物相容性,展示了纯金在修复体制作方面的优势。

四、钛金属铸造机

钛金属具有优越的生物相容性、良好的机械性能、耐腐蚀性、密度小、强度高等特点,是理想的口腔修复材料。由于钛金属熔点高(1 668℃),化学性能活泼,在高温下极易与空气中氢、氧、氮等元素及包埋料中的 Si、Al、Mg 等元素结合,在铸件表面形成氧化污染层,使其优良的理化性能变差,硬度增加,塑性、弹性降低,脆性增加,因此铸造应在保护性气体中进行。此外,钛金属的黏度大、密度小,且熔化后液体的流动性差,铸造温度与铸型温差(300℃)较大,冷却快。常规铸造方法可使钛金属铸件表面和内部有气孔等缺陷出现,对铸件的质量影响很大,因此必须采用特殊的加工方法和操作手段。

随着铸造技术的不断改进,如今钛金属铸造技术已日渐成熟。1940 年 Bother 最早将钛金属应用于口腔领域。1965 年瑞典学者 Brândmark 将钛金属用于口腔种植体。1980 年日本研制出第一台牙科铸钛机。如今,国际上钛金属铸造技术发展很快,我国钛金属铸造技术虽然起步较晚,但发展较快。1995 年我国研发了首台牙科铸钛机,之后技术不断完善,2002 年推出第 5 代新产品,使我国在纯钛铸造方面逐渐达到国际水准(图 4-12,图 4-13)。

(一)钛金属铸造机的种类

临床常用的钛金属铸造机(图 4-14)有以下几类。

1. 按铸造方式分类

(1)加压铸造式铸钛机:在较低压力惰性气体(氩气或氦气)的保护下熔解钛金属,钛金属熔化后流到铸道口时,对液体钛加以较高的压力,使液体钛注入铸模腔内,完成铸造。

(2)加压吸引式铸钛机:依靠惰性气体的压力和铸造室真空状态形成的负压使钛液进入铸型腔,完成铸造。

(3)离心式铸造机:利用离心力使液体钛注入铸模腔内完成铸造的方法。

图 4-12　第一代钛金属铸造机

图 4-13　第五代钛金属铸造机

（4）压力、吸引、离心式铸造机：是指将离心力、抽吸、加压三种铸造技术结合起来，以提高铸钛件成功率。

图 4-14　钛金属铸造机

2. 按熔化金属的热源分类

（1）弧熔解式：弧熔解法是利用辅助电源使电机对钛金属发生弧放电，惰性气体产生的电子和阳离子在电极间加速运动放出热电子而持续产生等离子弧，由等离子弧所产生的高热将钛金属熔化。

目前弧熔解法的牙科铸钛机基本上都是采用钨棒作为负极，被熔解的钛金属为阳极产生弧放电法，即所谓的非消耗式电极法。由于等离子弧所产生的温度很高，可以在较短时间内将钛金属熔化，且此法是从金属的上方进行加热，具有高熔钛液不会与坩埚接触或接触的时间短，避免了液体钛被污染的优点。但由于弧放电是集中于某部位，当钛金属量大时会出现部分熔化或熔化不全的现象，因而两级间的距离应适宜。

（2）高频感应式：利用高频交流电产生的磁场，使被熔化的金属本身产生感应电流（内涡流），通过涡电流加热熔化钛金属。其特点是熔化钛金属的温度较均匀，但高温下的钛熔液与坩埚接触的时间较长，易使钛金属受到污染。

（3）电磁悬浮高频波熔解式：1952 年美国的 Okress 发明了此技术，是利用磁力使金属悬浮在空中并使用高频波感应熔解的方法，从而避免了坩埚材料对金属的污染，并可以控制熔解温度，但由于熔解量的限制而不适用于工业，只适用于部分实验性熔解炉，如今已应用于口腔科（图 4-15）。

3. 按铸造的工作室数目分类

（1）一室铸钛机：熔解和铸造在同一室内完成。

（2）二室铸钛机：分熔金室和铸造室。钛熔化后，由熔金室注入铸造室。钛溶液的流动方式有两种：一是从近心端一次流入到远心端，在增大压力时或竖排气道时可减少铸件缺陷的产生，有利于型腔充盈；二是先流到近心端再返流到远心端，此方式是容易产生湍流导致铸件缺陷。

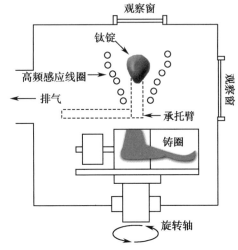

图 4-15　电磁悬浮高频波熔解示意图

4. 按制作坩埚的材料分类

（1）铜坩埚：多用于弧熔解方式。

1）底部开口式坩埚：特点是在坩埚底部设有一个使液钛顺利下流的口，由于等离子弧在对钛金属加热时，是从钛金属的顶部开始熔化，当钛金属的底部也熔化时，熔化的金属是从下面的孔流入铸型腔内。

2）分离式坩埚（底部分瓣）：当钛金属熔化后，控制系统便可使坩埚分离成两半，熔化的金属态从下面的孔流入铸型腔内。

3）倾斜式（倾倒）坩埚：与以上两种的不同之处为，当钛金属熔化时，由控制系统使坩埚发生倾斜，液体顺利地注入铸型腔内。

4）石墨坩埚：采用高密度的石墨加工制成的钛铸造用坩埚，现已用于弧熔解方式的铸造机上。由于弧熔钛金属是从上部加热熔化，当坩埚底部易受污染的钛金属在未熔化时，就将熔化的液态钛利用离心力，注入铸型腔内，较好地解决了坩埚材料污染钛金属的问题。此类坩埚效果好，造价低，可反复使用。

（2）氧化铝陶瓷坩埚：氧化铝陶瓷纯度高，耐化学腐蚀性好，注浆成型，密度高，耐急冷急热性好，不易炸裂。此类坩埚主要用于高频熔金的离心铸造，要求坩埚的表面光洁度好，致密度高，为防止坩埚材料污染液体钛金属，需在坩埚内部涂布一层防止污染的膜。

（3）不设坩埚：利用电磁场使钛块悬浮在熔解室内，可减少对钛的污染。

（二）各类钛金属铸造机的特点

1. 离心式铸钛机　由于钛密度小，在进行离心浇铸时铸造机的离心速度和离心力必须足够大才能保证牙科铸钛件的完整。一般认为离心速率达 3 000r/min 能够满足牙科铸造的需要。

（1）单纯离心力铸造机：利用离心力使液体钛注入熔模腔内的方法。由于钛金属的比重轻,要使其能充满整个熔模腔,离心力的初速度就显得极为重要。为增加初速度,有的铸钛机采用先将铸型高速旋转,在旋转状态下利用高速离心力将液体钛注入熔模腔内。有的铸钛机则采用在熔解钛金属时,让产生离心力的马达先旋转,待钛金属熔解后,利用离合器与高速旋转的马达结合起来,高速离心力将液体钛注入铸模腔内。离心类型目前主要有水平离心和垂直离心两种方式。

(2)离心力压力铸钛机:该法是将液体钛靠用离心力注入熔模腔内同时在液体钛的表面加一个较大的压力,以促使液体钛注入熔模腔内。

(3)离心力、抽吸、加压铸钛机:将离心力,抽吸,加压三种方式结合起来,以提高铸钛件的成功率。方法为:在熔解钛金属时,从铸型的底部及四周进行抽吸排气,使熔金室和铸造室之间产生较大的压力差。当钛金属熔化后,离心力促使液体钛注入熔模腔内,同时再从液体金属表面加入一个较大的惰性气体正压力,液体钛在离心力、负压抽吸及液体钛表面较大正压力的共同作用下,促使液体钛快速注入熔模腔内。

2.差压式铸钛机　差压方式铸造时,先使熔金室和铸造室形成高真空度,熔化钛时向熔金室内注入惰性气体,铸造室持续抽真空,注入熔化的金属时,因在熔金室和铸造室之间形成压力差和重力作用,熔化的金属由上部熔金室落入下部铸造室的铸模口,被压入充满铸模腔。为了确保铸件质量,常在铸模下方安装吸注装置。此种方法必须使熔金室和铸造室两室间严密隔绝,才能保证压差的形成。

3.加压铸钛机　在较低压力的惰性气体(氩气或氦气)的保护下熔解钛金属,钛熔化后流入铸道口时,再对液体钛加以较高的压力,使液体钛注入铸模腔。此法关键是正确掌握好加压时间。如加压时间过早,高气压提前流入铸模腔内,影响液体钛的注入,造成铸件表面或内部缺陷。加压时间过晚,液体钛会发生早凝,导致铸造失败。

(三)压力、吸引、离心式三合一钛金属铸造机

临床实际使用证明,三合一的铸造方式效果较其他较好,因此这里详细介绍压力、吸引、离心式三合一钛金属铸造机。

1.结构和工作原理

(1)结构

1)主要由旋转体、动力部分、供电系统、真空系统、氩气系统、电子控制系统等组成。

2)旋转体内部由熔金室和铸造室构成,两室被隔盘分开,由铸模、坩埚、电极及配重组成。

3)动力部分包括电动机、飞轮、离合器、定位装置等。

4)供电系统包括直流逆变电源、电极装置等。

5)真空系统包括真空泵、高真空截止阀、真空表等。

6)氩气系统包括减压阀、截止阀、安全阀、压力表等。

7)电子控制系统包括程序控制器、各种电器元件、数码显示器等。

(2)工作原理:在真空和氩气的保护下,直流电弧对坩埚中的金属加热,使之熔化,在离心力作用下熔融金属充满铸模腔,完成铸造。

1)抽真空:钛金属和铸圈分别放在熔金室和铸造室内,两室同时抽真空。

2)充氩气:熔金室内充氩气,铸造室继续抽真空,维持约5秒。

3)引弧熔解:采用非自耗电极电弧加热的凝壳熔铸法,以高频电引弧,直流电弧加热,大电流通过被电离的氩气和钛锭,使钛料熔化。

4）铸造：当钛金属全部熔化，瞬时停止充氩气（铸圈内接近真空），电弧未停止离心铸造即开始。

5）飞轮储能释放：飞轮提前蓄能，当离合器结合时，旋转体突发性转动，熔化的钛液高速射入铸腔，充满铸模腔内。

6）氩气加压：当钛液进入铸道模腔尚未凝固前，即以压力为 0.3MPa 的氩气加压，而铸模腔外部仍在抽气，通过包埋料的透气性吸引钛液，减少腔内的余气和包埋料受热发生的气体，防止铸件发生气泡。

2．技术参数

（1）电源：220V，50Hz。

（2）功率：80kW。

（3）熔解电流：50～300A。

（4）氩气压力：0.3～0.4MPa。

（5）最大熔金量：40g。

（6）熔解时间：90 秒。

3．操作常规

（1）手动（目测）方式

1）打开氩气瓶气阀旋钮，并调整氩气的压力至 0.31MPa。

2）打开电源：包括电压装置、铸造主机电源、真空泵电源。

3）按下启动键，保护窗自动打开，铸造臂旋转至水平位置，照明灯亮。

4）检测真空加压系统：按下真空检测键，真空值会升高至正常。

5）检查铸腔：打开铸腔按下加压检测键，检测到有氩气喷出。检查铸腔的垫圈是否有伤痕，调整旋臂与空腔内边缘之距离为 50cm。

6）确定电流值：根据铸造合金的类别，设定相应的电流，贵金属 40～50A，镍铬合金 100～150A，钛 280～300A。

7）选择坩埚：根据不同的金属，使用不同的石墨坩埚。

8）调整电极棒至所需位置，固定旋钮。

9）放置铸型：放入专用的钛铸型固定位置，关闭铸造室，并旋紧顶盖旋钮。

10）检查密封性：按下密封检测键，确定其检测灯是否熄灭，如果灯仍亮，再次旋紧顶盖旋钮，直至灯熄灭。

11）按下铸造开始键，保护窗关闭，铸造开始运行。此时，熔解灯亮，察看金属熔解状态，当金属熔融达到铸造条件时按下铸造键，按程序开始铸造。

12）铸造结束后，保护窗自动升起，打开铸造室，取出铸型与石墨坩埚。

13）铸造完成后处理：取出铸型后，关闭保护窗，分别关闭氩气压力阀和氩气瓶总阀，关闭铸造机电源。

（2）自动方式

1）放铸金于熔金室。

2）将相应型号的铸模放入铸造室内。

3）在隔离盖的铸造室一侧放置密封垫圈，并使浇铸口对准铸模。

4）关闭铸造室。

5）调整配重。

6）关闭防护罩。

7）设定相应的熔铸时间和电流，打开氩气开关，使输入氩气压力在 0.3～0.4MPa 之间，一般铸造时间设置在 30～38 秒，电流为 250A。

8）启动按钮，抽真空，充氩气，熔铸自动进行，按下述程序自动开始工作：抽吸熔金室、铸造室内的空气，输入低压氩气，自动启弧熔金，熔化钛金属 10 秒后，旋转电机开始转动。当熔化钛金属达设定时间后，钛已完全熔化，旋转体与离合器自动咬合，离心臂瞬间以 1 300r/min 的速度开始旋转。离心臂开始旋转后，铸钛机内的 PC 机自动切断熔解钛料的电源，电机旋转 10 秒后自动断电，旋转体逐渐停转。

9）当其旋转臂停止运行，铸造即完成。

4．注意事项

（1）设备应符合安装要求。

（2）氩气压力应保持在 0.3～0.4MPa 之间，否则会损伤设备。

（3）旋转臂两端应正确配置，保持水平。

（4）连续旋转的时间间隔应按照设定要求操作。

（5）正确控制熔金量，调节好合金熔解时间。

（6）铸造结束，应在真空表和压力表复位后才能开启铸造室。

（7）禁止在未装铸模和密封垫的情况下通入氩气，防止氩气进入真空系统，损坏真空仪表。

5．维护保养

（1）铸造前检查真空度和氩气压力，以防铸造失败。

（2）定期检查氩气管道及真空泵的滤芯是否正常。

（3）真空泵应保持正确油位，检查并及时更换铸造室内的耐热密封垫圈，保证正常的真空度。

（4）清洁设备，保持过滤器、通气道及旋转槽内清洁无异物，擦拭或更换目视镜。

（5）定期检查传动皮带是否磨损松弛，及时调整或更换。

（6）在定期检查时，必须切断总电源，检查绝缘电阻。

（7）及时调整电弧电极，矫正石墨坩埚的位置。

（8）按时更换铸造室内电极棒的瓷性护套。

（9）注意更换设备规定功率的保险丝。

6．常见故障及处理

钛金属铸造机的常见故障及处理见表 4-5。

表 4-5　钛金属铸造机的常见故障及处理

故障现象	可能原因	处理
铸造室电弧产生不稳定	电极棒尖端呈圆形	调磨其尖端成 90°
真空度不够	真空泵滤芯阻塞	更换滤芯
发出异常声音	气路不畅，氩气管扭转或挤压	检查纠正管道
电弧不能产生	变压装置异常灯亮 不能启动变压装置	确定电压和温度 确定变压装置打开否

续表

故障现象	可能原因	处理
熔解金属困难	电极距离未达要求	按标准检测调整电极距离
	与坩埚电极接触不良	调整其安放位置
	氩气量过少	加大流量或更换氩气瓶
旋转铸造臂有异常音	旋转槽有异物污染	清除异物
	未调整平衡臂	调整其平衡臂至标准状态
铸腔密封键灯亮	铸腔密封不良	调整密封状态
	铸圈底面不平	包埋时去底面
	铸腔密封垫圈或橡胶圈破损	更换垫圈或橡胶圈
变压装置异常灯亮	电压不稳或温度过高	稳定电压 10 分钟后再试
熔解时，目视看不清	目视窗有污物	擦拭干净

（四）常用钛金属铸造机的操作方法

1. 操作步骤

（1）开启电源，预热 3～5 分钟。打开惰性气体的阀门，从电阻炉中取出铸型，进行称量后放入铸造室内，调整其至适当的位置。

（2）在熔金室的坩埚内放入适量的钛金属，调整钨电极与其的间距，以获得最佳的弧熔距离。

（3）将密封圈放置在熔金室与铸造板之间的隔离板上。

（4）关闭熔金室与铸造室之间的锁紧装置，旋紧铸造室的铸型紧固旋钮，使铸型与隔离板紧密接触，形成各自封闭的熔金室和铸造室。

（5）调整铸造室旋转臂的平衡砝码，使旋转臂两端达到平衡。

（6）根据钛金属的重量，在调节器上调整好熔金时间，即可按自动熔金按钮，程序开始工作，当使用自动程序工作时，Ⅰ、Ⅱ、Ⅲ、Ⅳ信号灯，依次显示抽真空、通氩气、熔融、铸造四个过程。

（7）当离心臂停止转动后，打开铸造机门，旋松铸型紧固旋钮，打开熔金室与铸造室之间的锁紧装置，取出铸型，立即放入冷水中骤冷。

（8）用镊子取出存留在铸造室坩埚内的残余钛料，整个铸造工作即告完成。

2. 注意事项

（1）检查钨电极使电极的尖端随时处于尖锐状态，以利引弧。

（2）注意调整好平衡配重。

（3）机器在工作时应注意观察以下指标：①真空度≥−0.095MPa；②惰性气体的压力，熔化合金时 0.08～0.1MPa，铸造时 0.3～0.4MPa；③电弧是否正常，电流应控制在 230～250A。

（4）禁止在未放置铸型及密封垫的情况下输入氩气，以免冲坏真空表。

（5）禁止在旋转臂未停止转动前重复启动引弧装置、打开防护罩。

（6）禁止超时熔化合金。

（7）每次铸造间隔时间为 5～10 分钟。

（8）铸造后应及时取出铸模和残留物，清理熔金室。

第五节　喷　砂　机

喷砂机又称喷砂抛光机(图4-16),是利用高速度的压缩空气将砂粒喷射到金属修复体的表面,从而达到打磨抛光的效果。该机主要用于清除牙科修复体的铸件(冠桥、支架、卡环等)表面的残留物,使其达到初步光洁。喷砂用的砂粒为锐角状金刚砂和球状玻璃体。

根据喷砂方式不同分为干性喷砂机和湿性喷砂机(液体喷砂)。湿性喷砂是在喷砂的同时有水相伴,可防尘,减少室内污染。

根据喷砂方式不同分为以下三种:

1. 手动型　用手拿住铸件在喷砂嘴下进行抛光。

2. 自动型　将铸件放入转篮中,转篮可自动旋转,旋转的同时对铸件进行喷砂抛光。

3. 笔式喷砂型　用于烤瓷修复体,分为双笔式和四笔式,适合对细微部位进行处理,可清除表面氧化物及杂物,同时还可用玻璃珠对塑料基托表面进行抛光处理(图4-17)。

图4-16　喷砂机

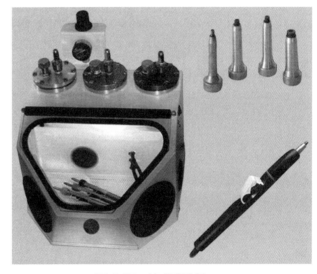

图4-17　笔式喷砂机

一、结构与工作原理

1. 结构　由滤清器、调压阀、电磁阀、压力表、喷嘴、吸砂管、转篮、定时器等部件组成。外形为一箱体结构,工作仓与外界呈密封状态,可防止粉尘外溢,排气口设有过滤布袋,以洁净空气。自动喷砂抛光机包括转篮和自动旋转系统。根据粒度的大小,可选用不同的喷嘴进行喷砂操作。

2. 工作原理　以压缩空气为动力,经滤清器过滤,推动沙粒对铸件表面进行抛光。

二、技术参数

1. 电源:220V,50Hz。

2. 功率:50W。

3. 气源压力：0.6～0.8MPa。

4. 喷砂压力：0.4～0.7MPa。

三、操作常规

1. 接通电源和气源。

2. 将粒度为 80 目左右的金刚砂适量装入工作仓。

3. 调整喷砂压力。喷砂机压力最大压力不得超过 0.6～0.7MPa。压力过大，易打穿金属基底冠；压力过小，起不到打磨抛光作用。压缩空气的压力需根据铸件的厚薄进行调解，铸件厚度为 0.5～1.5mm 时，工作压力为 0.15MPa；铸件厚度为 1.5～2.0mm 时，则工作压力为 0.25～0.35MPa。

4. 放入铸件。若用自动型则放入转篮，关闭密封机盖。若用手动型先将右手从套袖口伸入箱内，然后将铸件从机盖处传给左手，密封机盖，启动工作开关，将铸件对着喷嘴，从不同角度抛光铸件表面。在喷砂打磨中，要经常改变方向和部位，防止局部喷砂过多而变薄。近年来出现的多头自动喷砂能够从多个角度进行喷砂，铸件和喷头均可转动。喷砂的自动化程度更高，效果较好。另外，液体喷砂技术也在迅速发展。

5. 操作结束，关闭电源。

四、注意事项

1. 砂粒应保持干燥和干净，定期更换新砂，确保喷砂效果。

2. 定期更换密封件，防止砂尘外溢。

3. 装砂前要确保砂粒清洁、无杂物。

五、维护保养

1. 金刚砂应保持洁净，以防堵住吸管或喷嘴。

2. 喷嘴内孔直径为 3.5mm，长期使用会使喷嘴磨损扩大，造成喷砂无力，效率降低，应及时更换喷嘴。

3. 定期清除滤清器中的水和油，定期清除过滤袋中的存砂。

4. 定期保养空气压缩机，保证喷砂抛光机有正常的气源提供。

5. 当观察窗玻璃被砂打模糊后，应及时更换，保证有良好的视觉效果。

6. 换砂　将箱体下方的密封螺母旋开，放出金刚砂，然后旋紧螺母，从箱体上面放入新砂。

六、常见故障及处理

喷砂机的常见故障及处理见表 4-6。

表 4-6　喷砂机的常见故障及处理

故障现象	可能原因	处理
不能喷砂	吸砂管不在砂内	调整吸砂管位置
	喷砂管或气管堵塞	疏通管道

续表

故障现象	可能原因	处理
喷砂无力	喷嘴变形	更换喷嘴
	砂粒出现粉尘	更换新砂
	气源压力不足	调整气源压力
漏气	气管连接头松动	检查拧紧
	调压阀故障	检修调压阀

第六节 超声波清洗机

超声波清洗机是利用超声波产生振荡,对口腔修复体表面进行清洗,主要用于烤瓷、烤塑金属冠等形状复杂的精密铸件的清洗,可去除铸件表面及内部的污垢,使物品呈现自然光泽(图 4-18,图 4-19)。

图 4-18 超声波清洗机

图 4-19 超声波清洗机

一、结构与工作原理

1. 结构 主要由清洗槽和箱体组成。箱体内有超声波发生器和晶体管电路等。清洗槽由不锈钢制成,底部固定有换能器等。

2. 工作原理 利用超声波产生的能量,对物质分子产生声压作用,即在液体分子排列紧密时,使之受到压力,液体分子排列稀疏时,使之受到拉力。液体分子较能承受压力,但在拉力的作用下,分子排列易发生断裂,而在液体中的杂质、污物及气泡处是最易断裂的地方,液体分子断裂后,会产生许多泡状空腔,这些空腔可以产生巨大的瞬间压力,可达数千毫帕。巨大的压力使液体中物质表面受到剧烈的冲击作用,超声波这种声压作用被称为"孔蚀现象"。

二、技术参数

1. 电源电压:220V/50Hz。

2. 功率:≥50W。

三、操作常规

1. 在清洗槽内加入清洗液或水。注意烤瓷冠要先用蒸汽压力清洗,后置入一小玻璃皿内,加入无水乙醇放入超声清洗机内1～2分钟。贵金属先用氢氟酸或30%盐酸清洗,再用中和液冲洗,最后用蒸馏水超声清洗。

2. 接通电源。

3. 旋转定时开关至所需时间位置,注意连续清洗时间不得超过6分钟。

4. 定时结束,清洗机自动停机。若需再次清洗,应停机使换能器降温后再启动。

四、维护保养

1. 加入清洗液不宜过量,一般达清洗槽的2/3即可。

2. 工作结束,应将清洗液倒出并将清洗机清理干净。

3. 设备应放在通风干燥处保存。

4. 机器若长期不用,应1～2个月通电一次。

五、常见故障及处理

超声波清洗机的常见故障及处理见表4-7。

表4-7　超声波清洗机的常见故障及处理

故障现象	可能原因	处理
无振动,清洗效果不佳	换能器损坏 电源电路损坏 定时器不启动	更换换能器 更换电路板 更换定时器
有振动,清洗效果不佳	清洗液浓度 功率放大电路损坏	更换清洗液 更换电路板
清洗机不工作	电源未接通 定时开关未打开或损坏 电路或换能器故障	检查插头,接通电源 打开或更换定时开关 请专业人员维修
清洗能力低	换能器或电路故障	请专业人员维修

第七节　烤　瓷　炉

烤瓷炉是制作烤瓷修复体的设备,主要用于烤瓷牙用瓷体,包括金属烤瓷和瓷坯烤瓷。常用烤瓷炉依据外形不同分为:卧式和立式两类,立式应用较广。目前,烤瓷炉大多具有真空功能,这一类烤瓷炉又称真空烤瓷炉(图4-20～图4-23)。

一、结构与工作原理

(一) 结构

真空烤瓷炉由炉腔、产热装置、电流调节装置、调温装置、真空调节装置五部分组成。

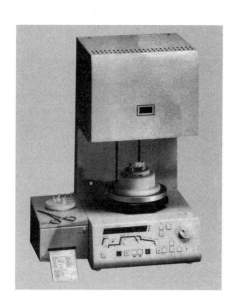

图 4-20 真空烤瓷炉

图 4-21 真空烤瓷炉

图 4-22 真空烤瓷炉

图 4-23 真空烤瓷炉

1. 炉膛 根据烤瓷炉的设计不同分为垂直型和水平型,是瓷体烧结的场所。分为腔体和炉台两部分,其间以密封圈实现密封,材质多为石英。

2. 电流调节装置及调温装置 用于控制炉膛内的恒定温度及升温速度。

3. 产热装置 多采用铂丝作为产热体,也可用镍铬合金丝或铁铬铝合金丝作为产热体。

4. 真空调节装置 用于充分排除炉膛内的空气,保持炉内的真空度。

（二）工作原理

多采用电脑控制,功能较为完善,使用比较简单。其控制电路主要包括温度传感器、压力传感器、微控制器、只读存储器、输入输出接口及显示器等。只读存储器中一般存储有多个程序,现在烤瓷炉日益先进,预设程序可达上百个,并可外接插卡增建程序以满足不同烤瓷过程的需要。

程序中预定的内容,如升温速度、最终温度、真空度等均可根据实际需要由程序输入键进行更改。温度传感器和压力传感器检测到炉膛内的温度和压力信息,经输入输出接口送到单片机处理。当按下启动键后,启动信号送到单片机,单片机即按只读存储器中相应的程序控制电流调节装置和真空装置自动进行工作,使整个烤瓷过程达到所规定的要求。不同的烤瓷炉其结构、功能、程序设计均有差异,但均设有显示窗、键盘及功能接口。

1. 显示窗　其作用是为操作者提供烤瓷炉工作情况的信息。

(1)程序显示:一般具有两种功能,即显示所选择程序的编号数据及该程序正在进行或已运行完毕。

(2)温度显示:主要显示实际温度(炉膛内的实际温度)和最终温度(程序所预定的最高温度)。

(3)真空显示:主要显示炉膛的实际真空度及程序所预定的真空度。

(4)时间显示:主要显示预热温度、升温时间、最终温度持续时间、真空烤瓷时间及程序的每个步骤所需时间。

(5)故障位置显示:具有自检功能的机型,在故障位置显示上,以数字或特定符号显示某些故障。

2. 键盘　依据键盘的作用可分为两类,即数据键和功能键。

(1)数据键:一般设定为0~9的数字键,使用者利用该键可以向单片机提供各种数据。该键与功能键配合可进行以下操作:①输入程序编号的数字,用以选择程序;②更改程序中所预定的内容,主要包括温度参数、时间参数、真空参数。

(2)功能键:不同型号的烤瓷炉的功能键设置差异较大,一般应具备以下几种:①升降机手控键,用于控制烤瓷台送入或送出炉膛;②启动键,用于启动程序,使烤瓷炉按特定程序工作;③中断键,用于中止正在进行的程序;④更改键,与数据键配合,用于更改程序中预定的内容。

3. 功能接口　真空烤瓷炉主机上常设有真空泵的气源连接口和电源连接口,使用中应保持两个接口的良好连接。

二、技术参数

1. 电源电压:220V/50Hz。

2. 功率:±1 200W。

3. 最高温度:±1 200℃。

4. 最高升温速度:约200℃/min。

5. 排气量:>40L/min。

6. 真空度:10kPa。

三、操作常规

操作常规包括程序内容的更改和程序的运行。

1. 程序内容的更改

(1)调出所要更改的程序。

(2)选择所要更改的内容。

(3)利用数据键更改此内容。

2. 程序的运行

（1）依据烤瓷的需要，调出适当的程序。

（2）根据手控键将炉膛降到底位。

（3）利用启动键，使烤瓷炉开始工作。

（4）工作完成后按手控键，使炉膛升至封闭状态，最后关闭总电源。

四、维护保养

1. 认真阅读说明书，正确安放烤瓷炉，保证相关连接的正确性。

2. 经常保持烤瓷炉清洁，尤其是密封圈附近，不能有砂粒，否则会影响密封度，影响抽真空的效果。

3. 每次使用后罩上防尘罩。

4. 真空泵的清洁也要定期进行。

5. 烤瓷炉的机械系统如出现运转不灵或噪声大，可以加少许润滑油。

6. 在烤瓷过程中修复件不能过高、过宽，以避免瓷与炉膛内壁接触。如果发生接触，在高温下瓷体会熔化，产生粘连。

7. 必要可进行炉内温度校正，以保证炉内温度准确。现在很多烤瓷炉有自动检测设计功能，可定期自检。

8. 当多雨或空气潮湿时，使用前要先预热烘干，以免影响真空度。

五、常见故障及处理

发现烤瓷炉有异常情况时，应及时切断电源。由于烤瓷炉多为集成模块形式制造，有微电脑显示的可根据烤瓷炉显示的故障原因进行排查检修，不能排除的，切勿自行修理，应由专业人员检修（表4-8）。

表4-8 烤瓷炉的常见故障及处理

故障现象	可能原因	处理
真空烤瓷炉无法馈电	保险管熔断 电源线断及插头损坏 电源开关损坏	更换同规格保险管 更换同规格新产品 修理或更换电源开关
真空系统故障	真空烤瓷炉炉膛与烤瓷台 密封圈变形或有异物堵塞	清除异物或更换密封圈
烤瓷台升降时噪声较大	升降传动系统缺润滑油	打开主机外壳，在传动 部分加注适量润滑油

 知识拓展

热压铸瓷材料

全瓷材料按材料及制作工艺的不同，一般分为铸造玻璃陶瓷、渗透陶瓷、热压铸陶瓷、切削陶瓷和氧化锆增韧陶瓷等。

热压铸瓷材料也称注射成型玻璃陶瓷材料,简称铸瓷,它采用失蜡法工作原理,借助专用的铸瓷炉,将熔化的玻璃陶瓷在一定压力下铸入耐火模型的铸模腔内成型,完成全瓷修复体的制作。它具有压铸过程简单,成形温度低,无须微晶化处理,边缘适合性好,强度高,色泽逼真等特点,是理想的全瓷修复材料。在国内外已广泛应用于嵌体、贴面、全冠等的修复治疗。

知识拓展

全瓷玻璃渗透炉

全瓷玻璃渗透炉主要用于全瓷坯体的烧结及玻璃料的渗透。其铸造的玻璃陶瓷修复体,具有牙体密合度好,硬度、透明度、折光率与牙釉质类似的优点,达到了全瓷修复体在物理学和美学上的要求。常用的全瓷玻璃渗透材料有渗透尖晶石、渗透氧化铝和渗透氧化锆等,可用于制作冠、嵌体和瓷贴面等。

小 结

本章对琼脂溶化器,真空搅拌机,箱型电阻炉,中熔、高熔铸造机,喷砂机,超声波清洗机和烤瓷炉,从结构、组成、工作原理、操作常规及维修和保养等方面进行了较为详细的介绍。应学习不同设备的性能特点,以及设备在临床使用过程中的注意事项,同时还应掌握合理、正确的设备维护和保养知识。上述设备在口腔工艺制作环节中均具有不可替代性,是口腔修复制作工艺环节的重要组成部分,正确使用该类设备是医学生必备的基本技能。

思考题

1. 铸造烤瓷设备的发展方向是什么?
2. 烤瓷炉的基本组成结构有哪些?
3. 中高熔铸造机的主要组成部分有哪些?
4. 风冷式高频离心铸造机的组成结构是什么?
5. 真空加压铸造机由哪几部分组成?
6. 纯钛铸造机有什么特点?
7. 如何正确使用喷砂机?
8. 箱形电阻炉的结构与工作原理是什么?
9. 真空搅拌机由哪几部分组成?

(葛亚丽)

第五章 其他口腔工艺设备

学习目标

1. 熟悉：多功能技工台的结构及各部件的功能，牙科种钉机的注意事项，牙科吸塑成形机的应用领域。

2. 了解：牙科振荡器、激光点焊机的工作原理，CAD/CAM 系统、牙科 3D 打印机的基本组成及工作原理。

3. 掌握：多功能技工台、焊接机、技工振荡器、牙科种钉机、隐形义齿机、平行研磨仪等口腔工艺设备的操作常规。

第一节 口腔多功能技工台

口腔多功能技工台是专供口腔修复工制作各类修复体的工作桌。根据工作需要，将工作台、照明系统、储物柜（屉）、吸尘系统、废物屉、空气枪、微型打磨机等部件有机结合成为一体，为技工提供舒适、便利的工作环境。

一、结构与工作原理

技工台一般由桌体、照明系统、肘托、吸尘系统、空气枪、储物抽屉、废物抽屉、电源插座等部件所构成（图5-1）。

1. 桌体 是技工台的主要框架，由金属冷轧薄板和高密度防火板面构成，其中紧挨技工座椅的桌体台面为修复工的主要工作区域，此处易污损，因此厂家一般会选用耐磨、易清洁的如不锈钢、大理石等材料加以单独覆盖。

2. 照明系统 位于台面正上方或一侧，用于操作中的照明，一般由灯管（或灯泡）、伸缩支持臂（或固定灯架）及电源开关组成。支持臂在一定范围内

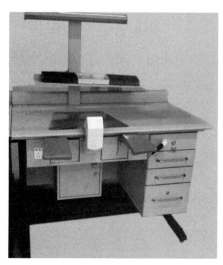

图5-1 口腔多功能技工台

87

可以伸缩、偏转,以此调整灯光投照的位置和角度。固定灯架则无此功能。

3. 肘托 一般成对,可拆卸,多为木制,用于技工操作时放置双手、腕关节及双侧前臂。

4. 吸尘系统 主要用于吸除打磨过程中所产生的粉尘,一般由吸尘口、吸尘管道、吸尘器(含吸尘袋或滤芯)构成。吸尘口位于桌体台面的正前方,两侧肘托之间,其表面封以金属网,以利于吸尘,同时也可防止打磨件误入吸尘系统。另一块透明的挡尘板置于吸尘口的上方,可拆卸,易清洁,此装置可避免打磨时产生的碎屑、粉尘伤及操作者。吸尘器是吸尘系统的心脏部分,其内装有电动抽风机,转动时可产生极强的吸力和压力,可使吸尘器内部形成瞬时真空状态,此时与外界大气压形成负压差,压差可帮助吸入含粉尘的空气,依次通过吸尘管道进入滤尘袋。桌体上有控制面板可调节吸尘器的吸力。吸尘器开关一般设计为三种形式,即面板手动控制、膝控开关控制和联动开关控制。所谓联动开关控制指的是吸尘器和微型打磨机之间形成电联动开关,吸尘器随着打磨机运转而自动启动吸尘,而当打磨机停止工作数秒后吸尘器也自动停止吸尘。

5. 废物抽屉 较浅,位于吸尘口的下方,主要用来收集打磨过程中所产生的废弃物,可取下清洁。

6. 储物抽屉 位于桌体的侧方,其大小、深度及分隔形式根据需要可有不同方式的设计。

7. 空气枪 笔式,位于桌体侧方,其连接的管线具有伸缩功能,主要功能为喷出压缩空气以清理打磨过程中产生的粉尘、碎屑。

8. 电源插座 嵌于桌体内,多为二孔或三孔插座,用于其他技工设备的用电。

9. 微型电动打磨机 属选配件。有两种配备形式,一种是将台式微型技工打磨机置于技工桌台面上,连接桌面上的电源插座即可使用;另一种形式是将微型打磨机隐藏于桌体内,打磨手机与打磨机利用从桌体内伸出的伸缩线连接,伸缩线可调节长度。此种配置一般采用手动、脚踏或膝控开关。打磨机与吸尘系统间多装备成联动开关式。

10. 煤气管及喷嘴 为现代多功能技工台的选配件。煤气喷嘴置于桌体表面,通过桌面开孔与埋在桌体内的煤气管道连接。煤气可代替酒精灯用于制作蜡型。

二、操作常规

1. 接通电源。

2. 安装或卸下肘托。

3. 安装或卸下吸尘系统接口网、挡尘板。

4. 打开电源总开关。

5. 打开吸尘器开关,设定工作模式及功率大小。

6. 打开打磨机开关,调控速度或方向按钮或旋钮,调整手机连线长度并固定。

7. 打开照明灯,调节光线投射位置和角度。

8. 空气枪的使用 气枪多由有弹性的橡胶类材料所制成,当轻压之使其稍稍变形时,气枪内部的阀门被打开,则有压缩空气溢出。

9. 打开煤气开关及调节气量大小。

10. 使用完毕后,依次关闭煤气阀、打磨机开关、吸尘器开关、照明灯及电源总开关。

三、维护保养

1. 及时清理废物抽屉,保持桌面清洁。

2. 定期清理吸尘袋、滤芯,定期检修吸尘器,以保持吸尘系统通畅。注意为防止将吸尘袋的微孔堵塞,勿将湿润的粉尘吸入,否则会使其黏附在滤芯叶片上而难以去除。

3. 照明灯的伸缩臂不要调节得过低,以免碰撞影响操作。

4. 注意勿用暴力拖拉、按压空气枪,以免将连线拉断。

5. 微型打磨手机连线长度调节合适后应固定牢固,使用完毕应将手机搁置于手机座上,以防止手机跌落。

6. 注意每天使用煤气后应及时关闭开关及总阀,并定期检修管线。

四、常见故障及处理

口腔多功能技工台的常见故障及处理见表 5-1。

表 5-1　口腔多功能技工台的常见故障及处理

故障现象	可能原因	处理
电源已通, 机器不工作	电源未接通	检查供电电源
	保险丝熔断	先找出熔断原因并修理后,更换同规格保险丝
	电源插头接触不良	检查线路、插座、插头,排除原因后再插紧插头
	电源总开关未打开	打开电源总开关
吸尘器不工作	吸尘器电开关未打开	打开吸尘器电开关
	吸尘器的继电器损坏	更换继电器
吸尘器吸力不足	吸尘袋中灰尘过多	清理吸尘袋
	吸尘袋损坏	更换吸尘袋
	滤芯损坏	更换滤芯
微型打磨机 手机不工作	手机电开关未打开	打开手机电开关
	联动的吸尘器电开关未打开	打开吸尘器电开关
	手机损坏	检修或更换手机
照明灯不亮 或亮度不够	灯泡老化或损坏	更换灯泡
	保险丝熔断	更换同规格的保险丝
空气枪不工作	未接通压缩空气	接通压缩空气
	空压泵未开启或损坏	检修空压泵
空气枪漏气	接口或管道不密封	检修接口和管道
煤气管道无气	煤气源问题	检测煤气源
煤气管道漏气	接口或管道不密封	维修接口和管道

第二节　焊接设备

焊接是两种或两种以上同种或异种材料通过原子或分子之间的结合和扩散连接成一体的工艺过程。牙科应用焊接技术已有 100 多年的历史,传统的焊接方法如金焊、银焊等多需要借助助焊剂来完成。这类焊接具有加热时间长、变形大、易氧化、焊点薄弱、操作繁杂等缺点，难以满足现代口腔修复的要求。目前，工业上涌现出一系列高新焊接技术，如激光焊、氩弧焊、等离子弧焊、真空电子焊等，并已被引入口腔修复学领域。牙科焊接机常用的有牙科点焊机和激光焊接机两种。

一、牙科点焊机

牙科点焊机是用于焊接金属材料的一种设备，主要用来焊接各类义齿支架、固定桥金属件和各类矫正器。焊接对象为直径 0.2～1.2mm 的不锈钢丝及厚度 0.08～0.20mm 的不锈钢箔片，是口腔修复科、正畸科技工室的必备设备。

图5-2　牙科点焊机

（一）结构与工作原理

1. 结构　点焊机外观呈箱体型，箱体外表面有控制面板、活动案板、点焊电极和电极座。箱内为焊接电路，焊接电路主要由可控硅调压器、储能电容、输出变压器及电子电路组成（图5-2）。

（1）控制面板：主要由电源开关、电压调节旋钮、电压表、焊接按钮、脚控开关等组成。其中，电源开关用于控制设备电源的通断，电压调节旋钮用来调整焊接电压，而电压表则可以显示所调的电压值。焊接按钮和脚控开关则是点焊机开始对焊件进行焊接的启动开关。

（2）活动案板：用于装夹被焊件的调节板。

（3）电极：又称电极棒，两个电极组成一对电极组，分别接入两个电极座上。点焊机通常有四对电极，以满足不同焊件的需要，如对电极有特殊要求也可自制。

（4）电极座：用于安装和调整电极的角度，两组电极座互相垂直，并可以在水平方向和垂直方向自由旋转定位。在电极座的连杆上有调节螺母，用以调整电极与焊件的距离和机械压力。

2. 工作原理　点焊属于电阻焊一类，即焊件组合后通过电极施加压力，利用电流通过接头的接触面及邻近区域产生的电阻热进行焊接的方法。工作时先调整电极座，使两个电极加压工件，两层金属在两电极的压力下形成一定的接触电阻，而焊接电流从一电极流经另一电极时在两接触电阻点形成瞬间的热熔接，熔化局部表面金属后断电，冷却凝固，形成焊点，去除压力，焊接完成。

（二）操作常规

1. 将设备置于平稳干燥的工作台上，检查电源是否严格接地，电源电压应符合设备要求。

2. 检查电极是否完好，如有氧化现象，可用细砂纸将其磨光，以保证焊接时接触良好。

3. 打开电源开关，调节焊接电压。

4. 按下活动案板，将焊件放入两电极间，焊点与上下电极接触，缓慢松开活动案板，使上下电极压紧工件，调整电极对焊件的压力。

5. 按下焊接按钮或踩下脚控开关，开始焊接。当电压表上的数值降至"0"时，焊接完成。

6. 取下焊件,断开电源,将电极转至非定位位置。

(三)维护保养

1. 应经常保持设备清洁。

2. 停止使用时必须断开电源,并将电极转至非定位位置以外,以免损坏电极。

3. 检修设备前应先将储能电容放电,以免触电。

(四)常见故障及处理

牙科点焊机的常见故障及处理见表 5-2。

表 5-2　牙科点焊机的常见故障及处理

故障现象	可能原因	排除
接通电源,指示灯不亮	保险丝熔断	找出熔断原因,更换同规格的保险丝
	电源插头接触不良	排查原因,插紧插头
	指示灯灯泡已损坏	更换指示灯灯泡
接通电源,点焊机不工作	焊接按钮接触不良	用砂纸打磨触点或更换按钮
	脚控开关接触不良	用砂纸打磨触点或更换脚控开关
	储能电容或电子电器元器件损坏	更换电容或同规格元器件
	输出部分短路,上下两电极接触处氧化	检查线路并接牢,或用砂纸打磨接触处,除去氧化层。

二、激光焊接机

激光焊接是利用高能量的激光脉冲对材料进行微小区域内的局部加热,激光辐射的能量通过热传导向材料的内部扩散,将材料熔化后形成特定熔池以达到焊接的目的。它属于熔化焊,系无焊接剂焊接。此焊接方式具有焊缝宽度小、变形小、焊接速度快、焊缝平整美观、质量高、无气孔、聚焦光点小、定位精度高、无过多的焊后处理等特点。激光焊接广泛应用于制造业、粉末冶金、汽车工业、电子工业及生物医学等行业,于 1970 年被 Gordent 引入牙科领域,是现代口腔制作室的必备设备之一,主要适用于贵金属、非贵金属及钛合金间的焊接。常用于固定义齿的固位体与桥体间的焊接、可摘局部义齿各金属部件之间的焊接、整铸支架的修补、精密附着体焊接以及铸造缺陷的修补等,可提高固定义齿的适合性。

(一)结构与工作原理

1. 结构　牙科激光焊接机主要由脉冲激光电源、激光器、工作室以及控制、显示系统等四部分组成(图 5-3)。

(1)脉冲激光电源:主要为氪灯、氙灯和激光器提供电源,具有单一或连续脉冲两种形式,常用的最大脉冲能量为 40~50J,脉冲宽度为 0.5~20ms,适用于需要较大功率输出的激光设备。

(2)激光器:由激光棒(工作物质)、光泵光源(激励能源)、光学谐振腔和冷却系统四部分组成。

1)激光棒:指能够受激产生辐射的材料,是以钇铝石榴石

图 5-3　激光焊接机

晶体为基质的一种固体,也称 YAG 晶体。激光棒质量的好坏将影响激光器输出能量的大小。常用的激光棒为 Nd∶YAG 晶体,波长为 1 064nm(红外区),其属于四能级系统,量子效率高,受激辐射面积大,并具有优良的热学性能。它是在室温下能够连续工作的唯一固体工作物质,是目前综合性能最为优异的激光晶体。

2)光泵光源:指利用外界光源发出的光辐照工作物质,以此给工作物质提供能量,将原子由低能级激发到高能级。目前最常用的光泵光源为脉冲氙灯。当氙灯放电时,绝大部分电能转变成光辐射能,一部分电能变成热能。

3)光学谐振腔:指光子可在其中来回振荡的光学腔体,是激光器的必要组成部分,通常由两块与工作介质轴线垂直的平面或凹球面反射镜组成。谐振腔可控制输出激光束的形式和能量。

4)冷却系统:多采用封闭循环水冷系统,循环的热量通过制冷机带走,最终通过风扇将热量排入大气中,从而降低光源和谐振腔内的温度。

(3)工作室:由固定架、放大目视镜、激光发射头、真空排气系统、氩气保护装置等构成。

(4)控制和显示系统:可选择并显示焊接面焦点直径和脉冲时间以及合金种类,也可自行编程。在焊接过程中,工作状况和各种信息均可在此显示。

2.工作原理 激光焊接机利用高能脉冲激光对工件实施焊接,它以脉冲氙灯作为光泵光源,以 YAG 晶体棒作为产生激光工作物质。激光电源首先将脉冲氙灯预燃,通过激光电源对脉冲氙灯放电,使氙灯产生一定频率和脉宽的光波,光波经聚光腔照射 YAG 激光晶体,从而激发 YAG 激光晶体产生激光,再经过谐振腔后产生波长为 1 064nm 的脉冲激光。该激光在导光系统和控制系统作用下,经过扩束、反射、聚焦后辐射至工件表面,使工件合金局部熔融产生焊接。

(二)操作常规

1.操作前应检查电源、水源及氩气瓶含量。

2.接通水源和电源,调节工作电压。

3.调整激光头,并且调整氩气吹入喷嘴与焊接区的距离为 1.5~2.0mm,气流 8L/min。

4.根据焊接合金种类选择预编程序,或人工选择诸如焦点直径、脉冲时间等焊接参数。

5.将焊接物放入工作室并固定,关闭工作室,通过光学观测装置观测,按下开始键,直视下焊接。

6.焊接结束后,依次关闭电源、水源和氩气瓶。

(三)维护保养

1.仪器电源应严格接地,电源功率不得超过机器允许额定功率。检修设备时,应先断开电源。

2.焊接过程中不要打开机箱,以免触电发生意外。

3.定期检查封闭循环水冷却系统或真空排气系统工作是否正常。冷却水为去离子水或蒸馏水,每个月更换 1 次。

4.每次使用后应清洁工作室。

5.保持直视放大镜的清洁,使用专用镜头纸擦拭。

6. 若设备无自动护眼装置则应佩戴激光防护镜，以防激光束射入眼睛，造成永久性失明。

（四）常见故障及处理

激光焊接机的常见故障及处理见表5-3。

表 5-3　激光焊接机常见故障及处理

故障现象	可能原因	处理
接通电源，机器不工作	电源未接通	检查供电电源
	保险丝熔断	查找原因并修理后，更换同规格保险丝
	电源插头接触不良	检查插座、插头，排查原因，插紧插头
冷却水过热	水量不足	加水
	工作间隔时间不足	按正确间隔时间焊接
焊接深度不足	激光晶体损坏	更换激光晶体
	焦点改变	调整相应的激光器元件
真空泵不工作	管道及其接口漏气	检修管道及其接口
	真空泵电源未接通	检测供电电源、插头等
	真空泵故障	维修或更换真空泵

第三节　技工振荡器

技工振荡器是牙科技工室不可缺少的一种技工设备，主要用来灌注石膏、琼脂、复制模型。它利用机械垂直振荡运动，帮助排出灌模材料和包埋材料内部的气泡，增加其在印模或铸圈内的流动性，以获得性能良好、表面光滑的模型、铸模等。此设备具有操作简单、平稳可靠、使用寿命长、故障率低等特点。根据产生振动的原理，振荡器有电磁振荡式和偏心凸轮振荡式两种。

一、结构与工作原理

（一）结构

技工振荡器由底座和振荡源构成（图5-4）。

1. 底座　外观呈箱形，多为金属材质。用于容纳所有产生振荡的部件，底座的水平向界面较大，以保持工作时的稳定。底座分为控制面板和振荡台两部分。

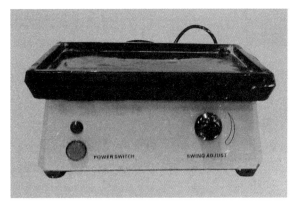

图 5-4　技工振荡器

（1）控制面板：位于底座正前方或一侧，包括电源开关、振荡频率/幅度调节旋钮等。振荡调节旋钮用于选择、调控振荡频率，它可以是有级调节，也可以是无级调节，可根据材料的流动性选择。

（2）振荡台：底座的正上方，多为橡胶材质。用于放置阴模、铸圈等，并将振荡运动传递至阴模、铸圈。此台面可拆卸,便于清洁。

2.振荡源 位于底座内部,是产生振荡的主要部件。根据振荡器的类型不同,振荡源一般有电磁铁和电机带动的偏心凸轮两种。

（二）工作原理

电磁振荡式技工振荡器是利用电磁铁,将电能转变为机械能。电磁铁由线圈与铁芯组成,当线圈通电时,铁芯产生磁力,将振动台顶开;当线圈断电后,磁力消失,振动台回至原位。偏心凸轮式技工振荡器的工作原理是利用偏心轮各个方向的半径不同,当电动机驱使它转动时,转动半径的不同使振动台产生振动。

二、操作常规

1.将振荡器置于稳固的台面上。

2.根据使用目的和材料设定振荡频率。

3.接通电源,打开电源开关,操作开始。

4.操作完毕关闭电源开关,拔掉电源插头,并清洁振荡器。

三、维护保养

1.电源必须严格接地。

2.忌用暴力调节振荡频率按钮。

3.使用时防止液体及未凝固的石膏进入底座。

4.注意保持机器清洁,清洁时切记断开电源。

四、常见故障及处理

技工振荡器的常见故障及处理见表5-4。

表5-4 技工振荡器的常见故障及处理

故障现象	可能原因	处理
接通电源,机器不工作	电源未接通	检查供电电源
	保险丝熔断	检查原因且修理后,更换同规格保险丝
	电源插头接触不良	检查线路、插头、插座,排除原因,插紧插头
	继电器损坏	更换继电器
	振荡台与下方主机间有硬固的石膏	清理石膏残渣

第四节 牙科种钉机

牙科种钉机（图5-5）适用于烤瓷牙预备,主要用于石膏模型石膏钉预制的加工。所谓石膏钉预制指的是在人造石、超硬石膏、环氧树脂模型上指定部位打孔。该设备具有转速高,噪音小、钻孔精度高、操作简便的优点。

图5-5 牙科种钉机

一、结构与工作原理

1. 活动底板 为放置模型的平板,板中间有一孔,孔的中心与其正下方的钻头和其正上方的激光束均在同一条直线上。向下按压活动案板,即可暴露其下方的钻头。同时,电动机自动启动,钻头开始转动,在模型底部对应激光聚焦点的指定位置打孔。

2. 激光定位系统 位于活动底板的上方,激光器发出激光束,其聚焦点与钻头位置重叠。

3. 马达 为驱使钻头转动的动力装置。

4. 钻头 多为钨钢材质,直径大小不同,可根据需要选择,并且与不同直径的固位钉相匹配。

5. 调整高度螺丝 用于调整活动底板和钻头的相对高度,从而调整钻孔的深度。

6. 其他配件 如外用吸尘器接口、更换钻头的扳手等。外用吸尘器接口可用来连接外用吸尘器,边钻孔边吸尘,既可以保持钻孔、钻头的清洁,同时也利于环境及操作者的健康。

二、操作常规

1. 将设备放置于平稳的工作台上。

2. 检查电源电压确认已严格接地。

3. 安装钻头,调节钻孔深度。

4. 接通电源,打开电源开关。

5. 打开导向激光开关,检查激光束是否通过活动底板上孔的中心。

6. 将模型置于活动底板上,将激光束聚焦在拟打孔位置所在牙齿的𬌗面。

7. 双手固定模型,轻压活动底板,微动开关接通,同时启动电动机,并带动钻头旋转。

8. 机器工作和连续钻孔的间隔时间应遵循设备说明书和厂商的建议。

9. 操作完毕,关掉电源开关,拔除电源插头,清洁设备。

三、维护保养

1. 使用完毕应及时清除设备上的石膏粉末。

2. 定期更换并使用原装钻头。

3. 操作时勿直视激光束，不要将手指放在打孔处并按压活动底板。

4. 定期在夹头处滴入润滑油。

5. 检修、清洁及不用设备时，须关闭电源。

四、常见故障及处理

牙科种钉机的常见故障及处理见表 5-5。

表 5-5　牙科种钉机的常见故障及处理

故障现象	可能原因	处理
接通电源，机器不工作	电源未接通	检查供电电源
	保险丝熔断	先查出原因并修理后，再更换同规格保险丝
	电源插头接触不良	检查线路、插座、插头，排除原因后，插紧插头
	活动底板下方微动开关接触不良	检修微动开关
钻头不转动	钻头周围有石膏等杂物堆积	清理杂物
钻头工作效率低或折断	钻头磨损或变形	及时更换钻头
	选用的钻头质量差	尽量选用原装钻头
活动底板不能下压	活动底板下方堆积有较多石膏残屑	清理残屑
激光或其他光源损坏	激光晶体损坏	更换激光晶体
	其他光源灯泡损坏	更换灯泡

第五节　隐形义齿设备

隐形义齿是活动义齿的一种。此类义齿采用弹性树脂卡环取代传统金属卡环，且弹性树脂卡环位于天然牙龈缘，其色泽接近天然牙龈组织，因此具有良好的仿生效果和隐蔽性。弹性树脂材料强度高，有适宜的弹性、较好的柔韧性和半透明性，多采用压注成形方式来制作义齿。目前市场上隐形义齿机有手动和全自动两种类型可供选择（图 5-6～图 5-8），下面以手动型为例介绍该设备。

图 5-6　隐形义齿机（一体式）

一、结构与工作原理

（一）结构

隐形义齿机主要由注压机、加热器、温控测温仪、型盒、型盒紧固器等构件所组成。

1. 注压机　主要用于将溶化的弹性树脂材料加压注入型盒内。动力部分位于其上部，而下方则是装有弹性树脂的套筒（送料器），套筒下方与型盒的注料孔相通，型盒被固定在注压机底座上。

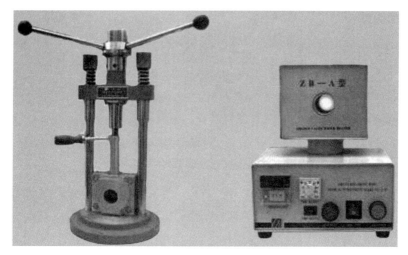

图5-7　隐形义齿机（分体式）

图5-8　全自动隐形义齿机

2．加热器　用于加热溶化高分子材料。

3．温控仪和测温仪　箱体状，可与注压机整合为一个整体（手动一体机），用于控制和反映加热器的温度。其正面具有温度显示屏和计时器。

4．型盒　为专用钢制型盒（图5-9）。

图5-9　专用钢制型盒

5．型盒紧固器　用于紧固型盒注塑。

6．其他　垫块、冲头、卸料器、送料器。

（二）工作原理

加热器在温控器的控制下，将弹性树脂材料加热溶化。注压机采用诸如螺旋、液压或电动等方式将溶化的材料压入型盒内的铸腔中，冷却后，形成修复体的雏形。

二、操作常规

（一）设备安装要求

1. 正确接好地线并安装漏电保护装置，有条件的可安装电源稳压器。

2. 将机器用螺丝固定于工作台上，高度以便于操作为准。

3. 机器不能放在强磁场的地方。

4. 将三个操纵杆装于机器顶端。

（二）操作

1. 接通电源，插上热电偶，设定温度287℃，时间为11分钟，旋紧回油阀门。

2. 接通加热炉电源，预热20分钟。

3. 将隔离油涂在送料器的铝筒和铜垫表面，先后放入铜垫和铝筒至加热套筒内。

4. 将弹性义齿材料放置于进料筒内，打开计时开关。

5. 将去蜡后的型盒放在型盒紧固器中心对好注道口旋紧4个螺母。

6. 当加热至11分钟时，蜂鸣器发出指示声，此时快速旋转3个动力手柄，将动力杆下降至最低限度，使其顶住垫块。

7. 摇动液压动力杆，液压台上升使弹簧处于压缩状态。

8. 维持3分钟，旋松回油阀门，液压台回位。

9. 去除送料器手柄，分离送料器与型盒，自然冷却30～50分钟。

10. 开盒、打磨、抛光。

三、维护保养

1. 电源必须严格接地，尽量配备电源稳压器。

2. 注压机放置必须稳固。

3. 检修、清理机器前需断开电源。

四、常见故障及处理

隐形义齿设备的常见故障及处理见表5-6。

表5-6　隐形义齿设备的常见故障及处理

故障现象	可能原因	处理
温控器不显示温度	热电偶未连接或折断	重新连接或更换热电偶
	仪表与电偶接线柱接触不良	检查接线柱与仪表内部是否接通，若电偶正常，则重新连接接线柱与仪表内部连线
	保险管烧断	更换保险管
	总电源无电	检查总电源，重新连接总电源
	总开关损坏	检修或更换总开关

续表

故障现象	可能原因	处理
温度显示器显示温度不正常（出现负数或数字反复跳动，温度显示器显示室温而加热器不升温）	热电偶折断	更换电偶
	热电偶短路或正负极接反	重接热电偶
	仪表电偶接线柱短路	检修后重新接通
	加热器炉丝接头接触不良或烧断	重新接通或更换加热圈
	保险管烧坏	更换保险管
	温控器仪表输出部分接触不良或无输出	检修温控器仪表输出部分
温控器显示温度与加热器实际温度误差过大	电偶未完全插入到加热器电偶孔内	检测后将电偶完全插入并固定到电偶孔内
	电偶与温控器不配套	更换相应型号电偶
	温控器故障	检修或更换
温控器未显示287℃	温度设定时未设定到287℃	重新设定
	设定温度有误差	根据显示温度与设定温度作上下调整
	电偶质量差或与仪表不配套	更换电偶

第六节　牙科吸塑成形机

牙科吸塑成形机是将成品聚丙烯、聚碳酸酯一类高分子薄膜加热软化后再经真空吸塑成形的一种牙科技工设备（图 5-10）。它主要用来制作脱色牙套、正畸保持器、牙弓夹板、牙周病与氟化物治疗托盘、暂基托、恒基托、夜磨牙保护垫、护齿托等。

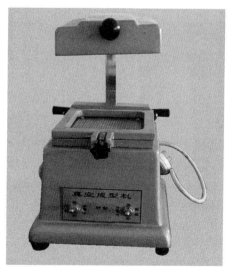

图 5-10　牙科吸塑成形机

一、结构与工作原理

（一）结构

1. 加热器　利用红外线或电阻丝加热高分子薄膜的装置。

2. 薄膜夹持器　用于夹持固定薄膜。夹持器可以移动，加热时将其靠近加热器，加热完成后，迅速移动，将薄膜压在模型上。

3. 模型放置台　为放置模型的平台，下方为真空抽吸装置。

4. 真空抽吸装置　在模型的下方抽吸真空，形成负压，从而使薄膜与模型紧密贴合。

5. 控制面板　面板上设置有诸多按钮及开关，如加热按钮、抽真空按钮、定时／计时器等。

6. 其他　如有的机型有压缩空气接口，可以外接压缩空气，压缩空气加压使薄膜和模型更贴合。

（二）工作原理

利用红外线或电阻丝加热软化热塑性塑料薄膜，然后通过真空抽吸装置形成负压，使薄膜与模型贴合，冷却后形成修复体的雏形。

二、操作常规

1. 先把拉杆拉起，然后将修整后的石膏模型放在模型台的真空网上。

2. 把薄膜安装在夹持器上，拧紧固定螺丝旋钮。

3. 打开加热开关，观察薄膜的软度，待加热均匀。

4. 将拉杆压下，使加热后的软薄膜覆盖在模型上。

5. 关闭加热开关，打开真空开关，抽真空 10～15 秒，修复体即可成形。

6. 当材料冷却后，将薄膜与模型分离。

7. 修剪修复体，打磨抛光。

三、维护保养

1. 电压应符合设备要求，电源必须严格接地，尽量配置电源稳压器。

2. 设备的放置必须稳固。

3. 定期检修、清理机器，检修前，需断开电源。

4. 操作时勿靠近或触摸加热器，以免烫伤。

四、常见故障及处理

牙科吸塑成形机的常见故障及处理见表 5-7。

表 5-7　牙科吸塑成形机的常见故障及处理

故障现象	可能原因	处理
接通电源，机器不工作	电源未接通	检查供电电源
	保险丝熔断	排查熔断原因并修理后，更换同规格的保险丝
	电源插头接触不良	检查线路、插座、插头，排除原因后，插紧插头
加热器不工作	电阻丝损坏	更换电阻丝
真空泵不工作	管道及其接口漏气	检查并修理管道及其接口
	真空泵故障	维修或更换真空泵

第七节 CAD/CAM 系统

CAD/CAM 即计算机辅助设计（computer aided design，CAD）和计算机辅助制造（computer aided manufacture，CAM）的简称。它是将数学、光学、电子学、计算机图像识别与处理、数控机械加工技术结合起来，用于制作嵌体、贴面、全冠、部分冠、固定桥、可摘局部义齿、全口义齿的一门新兴的口腔修复技术（图 5-11）。CAD/CAM 系统自动化程度高，摆脱了烦琐的制作工艺，减轻了劳动强度，减少了患者的就诊次数，大大提高了工作效率，同时修复体形态精确，与牙体高度密合。

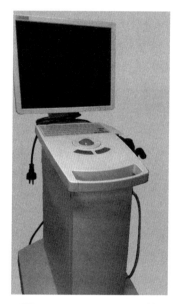

图 5-11 CAD/CAM 系统

一、结构与工作原理

（一）结构

CAD/CAM 系统由数字印模采集处理装置、人机交互计算机设计装置和数控加工单元三部分组成。

1. 数字印模采集处理装置 数据采集亦称牙颌三维形状测量及计算机图像化。相当于传统方法中的印模制取和模型制备。测量方法分为口内直接测量和模型机械接触测量法两种，口内直接测量技术又包括光学反射测量技术和激光扫描技术。数据采集装置包括光学探头或机械触摸式传感器、控制板和显示器。激光探头一般由激光发射器、棱镜系统和光电耦合（CCD）传感器组成。光学探头与机械触摸式传感器可采集口内组织或口外模型的三维形态数据以成像，从而取得数字化印模。激光扫描技术因测量精度较高且制作简单，现在已得到广泛应用。

2. 计算机人机交互设计装置 包括计算机主机、扫描仪、图形显示终端和各种软件。软件包括系统软件、支撑软件（如图形处理软件、设计数据库等）以及应用软件（专家系统）。

该装置根据数字化印模的三维形态数据来建立几何模型，亦即视频模型，相当于经过牙体预备的石膏模型。然后，在人机交流互动模式下完成修复体三维形态的设计、修改，以及计算机蜡型的制作、调𬌗、显示。

3. 数控加工单元　包括数控机床、数控软件、控制板、刀具、激光光敏树脂选择性固化器等（图 5-12）。用于根据计算机蜡型来完成修复体的制作，替代了包埋铸造或装盒充填热处理等工序。其实现是依靠小型精密数控机床或激光成型机完成的。目前的 CAD/CAM 系统多采用 3.5～5 自由度的精密数控机床，可铣削陶瓷或合金，加工出嵌体、瓷贴面、全冠、固定桥等修复体。此外，还有一种数控的"线切割"及"电火花"加工技术，被用于义齿加工。

图 5-12　数控加工单元

　知识拓展

数控"加工中心"

1958 年美国卡尼 - 特雷克公司研制成功第一台"加工中心"。它在数控卧式镗铣床的基础上增加了自动换刀装置，从而实现了工件一次装夹后即可进行铣削、钻削、镗削、铰削和攻丝等多种工序的集中加工。加工中心是带有刀库和自动换刀装置的一种高度自动化的多功能数控机床。工件在加工中心上经一次装夹后，能对两个以上的表面完成多种工序的加工，并且有多种换刀或选刀功能，从而使生产效率大大提高。

（二）工作原理

根据不同的 CAD/CAM 系统，将光学探头以一定距离和一定角度置于口内组织处，探测器获取所需部位必要的信息，通过光感受器转换为电信号，或者由机械接触式探针按像素描记口外模型来获取三维信息，并将这些信息转为电信号形式。之后，将这些已转换为数字信号的数据传送到计算机，经相关图形图像处理软件重建后，形成数字化三维图像，并显示在显示器上。至此完成数字化印模及生成数字化模型。接着,再利用计算机人机交互设计装置,在人机交流互动模式下完成修复体三维形态的设计、修改,以及计算机蜡型的制作,调𬌗。最后,将设计完成的修复体的外形坐标数据集传输到数控加工单元,在计算机的精确控制下,通过铣切固定好的预成材料块,完成修复体的制作。

二、操作常规

1. 插入系统工作软盘,接通电源,启动系统。

2. 将光学探头置于口内组织一定位置,或用机械探针探触石膏模型表面关键点及相应数量的参考点,按一定顺序和像素要求,采集预备体的三维形态数字化信息。

3. 将三维形态数字化信息输入计算机,三维重建形成数字化的印模和模型,并在显示器上生成正确图像。

4. 通过人机对话,在预备体图像上设计修复体的外形参考点,完成修复体外形的设计、修改、调𬌗,最终生成修复体数据集。

5. 自动或人工选择加工块的材料、颜色和大小,置于加工单元并固定,将修复体外形坐标数据集传输到数控加工单元,启动加工,通过铣切预成材料,完成修复体制作。同步显示进度。

6. 取出修复体,试戴。

三、维护保养

1. 每次使用前注意电源是否合乎要求。
2. 光学探头每次使用后应消毒并用纤维纸擦净,否则影响印模质量。
3. 应定期更换冷却水。
4. 应定期更换加工刀具,更换时须使用专门工具。
5. 加工单元每次使用后都应清洁。

四、常见故障及处理

CAD/CAM 系统的常见故障及处理见表 5-8。

表 5-8 CAD/CAM 系统的常见故障及处理

故障现象	可能原因	处理
系统不工作	系统盘错误	用正确系统工作盘
	计算机故障	专业人员维修或与供货商联系
印模图像模糊	光学探头角度、位置不正确	保持正确位置
	光学探头不稳定	保持探头稳定
	"印模前"预备体处理不良	重新喷反光粉
	预备体或模型形态不符合要求	重新备牙或取模、灌模
	光学探头及控制板故障	专业人员检修或更换
设计后图像处理时间过长	编辑线不合理	重新编辑
	控制板故障	专业人员检修或更换
	计算机软件故障	专业人员检修

续表

故障现象	可能原因	处理
加工时间过长	编辑不合理	重新编辑
	切削刀具太钝	更换刀具
加工件形态与设计不同	编辑不合理	重新编辑
	切削刀具选用不合理	选用正确的刀具
	计算机故障	由专业人员检修

第八节 电脑比色仪

随着口腔医学的不断发展，人们对美的要求越来越高，尤其是近年来烤瓷修复技术日渐成熟，人们对义齿色泽的关注度也越来越高。比色是烤瓷修复体最重要的一步，通过比色可以获得较正确的牙齿色调，并且迅速、有效地核对修复体的色调，从而使修复体的颜色与自然牙的颜色更协调。传统的比色方法是借助比色板通过肉眼比色，容易受外部光线、背景颜色、个人对色彩的感受不同以及眼睛疲劳等因素影响。比色板比色的准确性比较低，无法保证医师将比色结果准确地描述给技工。

电脑比色仪（图 5-13）通过色敏传感器对所测材料的色相、彩度、明度进行测量和分析，以便准确地测定牙齿颜色，以达到最佳的修复效果。传统的比色方法最多只能取得 30余种颜色，而电脑比色仪能分辨出 208 种颜色，具有使用方便、客观、快速、准确及不受外界干扰等优点。

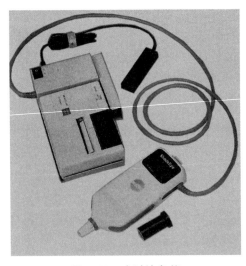

图 5-13　电脑比色仪

一、结构与工作原理

（一）结构

电脑比色仪由脉冲光源、束光器、传感器、光电转换器、CPU 芯片、显示器、打印机、电源等组成。

（二）工作原理

接通电源，机器产生的脉冲光源经束光器导向，调节光源视野，最终定位于被测部位，而后通过传感器探测被测牙齿的信息，按一定规律变换成电信号，再经光电转换器将天然牙表面的色彩转换成数字化信息，并客观准确地记录在微电脑中。电脑对收到的数据进行处理，经过软件的转换，优先选出与之匹配的最佳瓷粉型号。显示屏将最终结果显示出来，还可以经由打印机打印出纸质版测色结果。

二、操作常规

1. 打开电源，控制器预备灯亮。

2. 显示器上变换显示"CAL"和"LI"，表示可对自然牙测色。按动控制器"MODEL"模式键，显示器显示"CAL"和"PO"，表示可对瓷牙测色。

3. 确定模式后，把校准盖盖在探头上，然后按"MODEL"键，探头将闪光三次，机器进行自动校准。直至显示器上显示为"000"时，表示校准完成，此时可以开始测色。

4. 将探头上的探嘴直接紧贴在被测牙齿的表面，距牙龈 1～2mm 处，然后按动开关3～5 次，每按一次，探头将闪光一次。

5. 测色完毕，打印机开始打印结果。

6. 如需要打印制作此颜色的瓷粉配方，则可以按动"MODEL"键，配方将会自动打印出来。

7. 如果需对下一个患者比色，只需再把探头对准患者的牙齿，重复步骤4～5。

三、维护保养

1. 应保持整机干净，不得用腐蚀性液体擦拭。

2. 特别注意保持探嘴和校准盖的清洁，可用软布沾无水酒精擦拭。

3. 保证各组成部件连接完好，以保证信息的正常传输。

四、常见故障及处理

若机器在自动校准后，显示器显示"E2"而不是"000"，有可能是没校准好，此时应重新校准，也有可能是校准盖有污垢，应打开校准盖后面的小盖子，清洁里面的白色校准片。

第九节　平行观测研磨仪

平行观测研磨仪是用来进行平行度观测、研磨和钻孔的牙科技工设备，平行度是指两平面或者两直线平行的程度，指一平面（边）相对于另一平面（边）平行的误差最大允许值。通过平行度观测，可以评价直线、平面之间的平行状态，其中一个直线或平面是评价基准，在最大误差允许值范围内，基准可控制被测样品的直线或平面的运动方向，即控制被测要素对准基准要素的方向。此功能有利于测量和取得修复体之间的共同就位道，从而顺应了近年来精密铸造与烤瓷铸瓷技术的快速发展。

一、结构与工作原理

（一）结构

平行观测研磨仪由底座、垂直调节杆、水平摆动臂、研磨工作头、万向模型台、工作照明灯、控制系统以及切削杂物盘等部件组成（图5-14）。

1. 底座 即该设备的基座，上面可安置其余各部件，如垂直调节杆、控制系统、万向模型工作台、数字显示表板、电源、开关等。

2. 垂直调节杆 可保证其上部的水平摆动臂沿垂直调节杆长轴方向移动并锁定在任意高度。杆上刻有垂直高度标尺，以标示水平摆动臂的工作高度。

3. 水平摆动臂 安装在垂直调节杆上，既可水平绕垂直调节杆做圆周运动，也可沿垂直调节杆的长轴方向上下移动并能锁定在空间的任意位置，这样可以保证其末端的研磨工作头能有效覆盖模型工作区的全部范围。研磨工作头中心垂线与垂直调节杆长轴方向的平行度，是保证观测和研磨精度的重要条件。

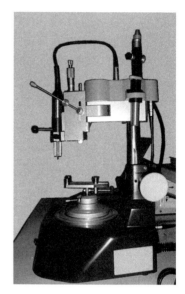

图5-14 平行观测研磨仪

4. 研磨工作头 可用来夹持平行观测杆、研磨电机、平行电蜡刀。

5. 万向模型台 由模型固定器和模型台固定装置组成。模型台固定装置利用强磁力作用将模型台固定在底座上，打开电磁开关可把模型台紧固在底座上，切断电磁开关，模型台可在底座上自由移动。模型台固定装置上的球形支座将其与模型固定器连接为一体，模型固定器绕球形支座可做任意方向的转动。工作模型则依靠固位螺钉锁定于模型固定器上。

6. 工作照明灯 采用高亮度的卤素光源，为工作区提供照明。

7. 控制系统 指仪器的电器控制系统，由电源及电源开关、电机参数控制、电蜡刀温度控制、数字显示表板、照明工作灯及万向工作模型台的固定开关等组成。可控制电机的转速、切削力矩、电蜡刀的工作温度、照明及万向模型台的磁力控制。

8. 切削杂物盘 用来收集切削废弃物，同时回收贵金属。

（二）工作原理

仪器通电后，通过电磁开关移动、固定模型，移动水平摆动臂，并始终保持与垂直调节杆长轴平行，以此调整研磨工作头在模型工作区的位置。首先，利用平行观测杆观测模型牙的平行度，确定义齿的共同就位道。然后，换研磨电机预备模型牙冠、精密附着体以及种植牙桩核，以形成义齿的共同就位道。另外，还可以加工蜡代型，选择具有一定直径及锥度的平行电蜡刀，通电后加热至适当温度，可以在蜡型上调整蜡型的平行度。

二、操作常规

（一）操作方法

1. 使用环境要求温度0～40℃，最大湿度为90%。

2. 供电电压必须与机器标注电压一致。

3. 调整好模型的位置并锁定。

4. 按照说明书调整好工作头高度。

5. 调节和固定摆动臂中的标尺高度,调节标尺卡盘。

6. 调整电蜡刀,调节好合适温度。

7. 根据需要调整研磨电机的工作参数,接通脚控开关,进行模型的磨削、钻孔等。

8. 更换车针时关闭电机电源,打开车针夹头,更换车针,旋紧夹头。

9. 更换夹持器　关闭主电源开关,用夹持器开启杆扼住工作头,防止其转动,用手旋出夹持器,旋入新的夹持器到位。

(二)注意事项

1. 注意保持高度调节固定螺丝与水平摆动臂紧密接触,防止水平摆动臂滑落。

2. 当研磨金属、塑料、蜡时,须戴上防护镜。

3. 操作者若留有长发,应将头发束起并戴好帽子,以防头发被机器缠绕而造成危险。

4. 使用电蜡刀时,应防高温烫伤。

5. 设备检修应由专业人员进行。

三、维护保养

1. 仪器不用时须拔下电源插头。

2. 清洁机器可用干净棉纱擦拭,并按要求加注润滑油。

3. 检修仪器前,应先断开电源。

4. 仪器应放置于平稳的工作台。

四、常见故障及处理

平行观测研磨仪的常见故障及处理见表5-9。

表5-9　平行观测研磨仪的常见故障及处理

故障现象	可能原因	处理
电源指示灯不亮	无电源,插头接触不良,保险丝熔断	检查电源,插紧插头,更换同规格保险丝
电机不转	控制踏板未连接好,电机故障	重新连接踏板,专业人员维修电机
电机停止运转,红灯指示过载	车针被卡住,车针夹头张开	找出过载原因并排除,重新启动电机
电蜡刀未升温	未调节温度	旋转温度调节钮,调高蜡刀温度
模型台不能锁定	未开启电磁开关	打开电磁开关

第十节　牙科3D打印系统

3D打印,即快速成型技术的一种,它是一种以数字模型文件为基础,运用粉末状金属或塑料等可黏合材料,把数据和原料放进3D打印机中,通过逐层打印的方式来构造物体的技术,即机器会按照程序把产品一层层"堆"出来(图5-15)。牙科3D打印技术实质是将牙科CAD与3D打印机结合,医师或技师可在数字化模型上设计修复体,将数据输入3D打印机进行打印。牙科3D打印多采用光敏树脂材料,目前国内可以打印出义齿基托、重建树脂颌骨以及牙齿。

图5-15　3D打印机

 知识拓展

金属3D打印机

　　2006年德国首推金属3D打印机,可将金属材料通过层层铺粉的方式,打印出复杂的形状,此打印机精度非常高,误差只在25~100μm之间,可望在不久的将来应用于牙科种植领域。因目前种植牙的种植体(仿牙根)无法进行个性化定制,但由于存在个体差异,预成种植体与患者的牙槽窝不尽契合,由此可能导致正常组织被破坏,制作时间也较长。金属3D打印机可根据每个患者的口腔结构特点,结合CT扫描技术,量身定做,打印出个性化种植体(仿牙根)。金属3D打印机的打印材料包括常用的各种金属和合金粉末,如钢、镍合金、钛合金及纯钛、钴铬合金、铜合金以及贵金属合金等。

一、结构与工作原理

(一)结构

　　牙科3D打印系统主要由数字印模采集处理装置、计算机人机交互设计装置和3D打印机三部分组成。

　　1. 数字印模采集处理装置　与CAD/CAM系统相同。

　　2. 计算机人机交互设计装置　与CAD/CAM系统类似,但3D打印技术在三维设计中有所不同,它在计算机建模软件建立视频模型后,再将三维模型分区成逐层的截面,即切片,从而指导打印机逐层打印。

3. 3D 打印机　由紫外线(UV)灯、喷头、加热系统、数控软件及控制组件构成。目前牙科 3D 打印材料多为紫外线光敏树脂(SLA),UV 灯利用光化学反应快速固化打印材料。加热系统多利用激光加热熔融固态打印材料。喷头则用来将液态打印材料喷涂于铸模托盘上。

(二)工作原理

首先利用数字印模采集处理装置取得数字化印模,然后由 CAD 建模软件生成数字化模型。接着,再将三维模型逐层截面,将截面后的视频模型数据通过 SD 卡或 USB 优盘拷贝到打印机中。打印机通过读取文件中的横截面信息,利用打印材料将这些截面逐层地打印出来。最后,将各层截面以各种方式固化粘合起来从而制造出一个修复体实体。

二、操作常规

(一)操作

1. 利用数字印模采集处理装置取数字化印模。

2. 利用 CAD 建模软件生成数字化模型。

3. 把设计好的虚拟模型导入打印管理软件,打印软件将模型进行横切,每一个切片的厚度等于 3D 打印机的打印精度。

4. 将截面后的视频模型数据通过 SD 卡或 USB 优盘拷贝到打印机中,打印机开始读取文件中的横截面信息。

5. 启动打印程序,打印机喷头进行预热、自检。

6. 预热、自检完毕,喷头抽取打印材料,把加热溶解后材料喷到打印平台上。

7. 喷头不断喷出原料,通过层层叠叠的方式把模型打印出来。

(二)注意事项

1. 机器有加热系统,操作过程中会产生高温,检测前须让它自然冷却。

2. 可动部件可能会造成卷入挤压或切割伤害。操作机器时不要戴手套或缠绕物。

3. 在工作温度下,设备可能会产生刺激性气味,应保持环境的通风和开放。

4. 在运行过程中,请勿无人看管。

5. 接触喷头出来的挤压材料可能会造成灼伤,需等到打印物件冷却后再把它移出打印工作平台。

三、维护保养

1. 使用完毕应及时更换材料。

2. 每次使用后应做垂直校准,确保打印机完全沿着 X、Y、Z 轴的水平方向。

3. 定期清洗喷头,一般使用纯棉布或软纸擦拭。

四、常见故障及处理

3D 打印机的常见故障及处理见表 5-10。

表5-10 3D打印机的常见故障及处理

故障现象	可能原因	处理
无电	电源线未连接	连接电源线
	插头未插好	插紧插头
喷头或平台未能达到工作温度	打印机未初始化	初始化打印机
	加热器损坏	维修或更换同规格加热器
打印材料无法喷出	材料在喷头内堵塞	清洁拆除、更换喷头

小 结

　　本章从设备介绍、结构、工作原理、操作常规以及设备维修保养等方面系统地介绍了口腔多功能技工台、牙科焊接机、技工振荡器、牙科种钉机、隐形义齿机、牙科吸塑成形机、CAD/CAM系统、电脑比色仪、平行研磨仪及牙科3D打印机等牙科技工设备。通过学习本章内容，可使同学们更全面、更深入地了解上述设备的性能及使用，为后续的专业核心课程打下良好基础。

思考题

1. 什么是口腔多功能技工台？其主要构件有哪些？
2. 激光焊接机的工作原理及特点是什么？
3. 技工振荡器的振荡源有哪几种？它们的工作原理分别是什么？
4. 隐形义齿设备由哪几部分组成？
5. 牙科吸塑成形机主要用于制作哪些修复体？
6. CAD/CAM系统的结构是什么？它是如何完成一个修复体的制作过程的？
7. 电脑比色仪的工作原理是什么？
8. 如何正确使用平行观测研磨仪？
9. 从结构及工作原理来阐述牙科3D打印技术与CAD/CAM义齿制作系统的区别。

（郭　红）

第六章　口腔设备管理

 学习目标

1. 掌握：口腔设备应用管理的原则。
2. 熟悉：口腔设备管理的意义。
3. 了解：口腔设备如何进行配备管理。

现在国际上已把设备管理学作为一门新兴的边缘学科，英国称其为"设备综合工程学"。设备管理学并非纯管理学科，而是将管理学理论与设备相关的技术知识结合起来的一门学科，既包括自然科学，又包括社会科学，是以设备作为研究对象的，主要以提高设备使用效率为目的的综合性学科。

口腔设备是一切口腔医学工作的基础，只有合理、科学地管理口腔设备，才能发挥出口腔设备的最大效能。

第一节　口腔设备管理概述

一、口腔设备管理的意义

1. 口腔医学是一门实践性很强的学科，每一项口腔医疗技术的产生和革新都离不开口腔设备的发明和更新，随着科学技术的发展，各种先进的口腔设备涌现出来，投入到临床使用，带来了口腔医学事业的大幅度前进。口腔医学的发展依赖于口腔设备的合理使用和良好功能的发挥，口腔设备是口腔医学事业发展必要的物质基础，加强和完善口腔设备管理是口腔医学事业发展的必要条件。因此，要充分重视口腔设备的管理。

2. 口腔设备的价值除了在口腔医学事业的发展过程中有所体现外，在日常工作生活中也很重要，加强口腔设备的管理是提高口腔医疗机构经济效益的保障，因此要加强口腔设备管理及合理布局，不断提高口腔设备的使用率和完好率。

3. 目前设备管理是否完善，是体现一个口腔医疗机构是否现代化的重要标志；是否正确地选择和使用口腔医疗设备，实行科学化管理，可侧面衡量一个医疗机构的实力。现代口腔设备种类繁多、精密度高、价格昂贵、使用维修专业化，对使用环境要求高以及使用更新快,这众多特点要求我们重视口腔设备的管理。目前设备的管理要通过一系列手段,有组织、有计划、有指导地去实施。

二、口腔设备管理的任务和内容

(一)口腔设备管理的任务

口腔设备管理的任务是以保证医疗、教学、科研工作正常进行为宗旨,提供最优质的技术装备,加速周转,降低费用,提高设备流通的经济效益和社会效益。具体任务有:

1. 建立管理机构,进行合理分工、组织协调控制,运用现代化管理技术和方法,提高口腔设备管理的科学性。

2. 进行市场调研,为口腔医疗机构选择合理的医疗设备,遵循既要经济实用,又能满足医疗、教学、科研工作需求的原则。

3. 建立相关的管理规章制度,并监督各项规章制度的实施,使管理工作落到实处。

4. 对设备的使用情况要进行日常监管,避免闲置,减少不必要的浪费,充分提高各种设备的利用率,发挥其最大的经济效益和社会效益。

5. 做好日常设备的维修和保养,使设备处于良好的运行状态。

6. 为口腔设备的经济投入和经济回报设定合理的管理办法。

(二)口腔设备管理的内容

口腔设备管理的内容包括设备运动全过程的管理,存在两种运动形态:一是设备的物质运动形态,包括设备的选购、验收、安装、调试、使用、保养、维修、改造和报废等;二是设备的价值运动形态,包括设备的资金筹集、经费预算、财务管理、成本分析及经济核算等。因此,口腔设备管理是物质运动形态和价值运动形态的结合,既是经济工作,又是技术工作,是技术和经济相结合的工作。

三、口腔设备管理的机构和系统

建立组织机构是实现管理目标的组织保障。要完善地进行口腔医疗设备的管理需要一个专门的组织机构,由专业的管理人群组成,在医护人员和技术人员的合作下,在部门领导的指挥和协调下完成对口腔医疗设备的各项管理。

口腔医疗机构设备管理部门应按设备运动的全过程,抓住计划管理、装备管理、使用管理和维修管理四个环节,依靠医护人员、工程技术人员和行政管理人员通力协作,以此构成口腔设备管理系统。

鉴于设备是进行医疗“生产”与服务的工具,又具有商品的价值,有的医院建立了仪器设备服务中心,一方面为口腔医院(医学院)教学、医疗、科研服务,另一方面也可以对外进行经营服务。仪器设备服务中心的任务是:负责口腔医院(医学院)设备的装备、应用和维修管理,对外经营和维修服务,培训维修人员,承担教学任务等。

第二节 口腔设备的配备管理

一、口腔设备配备的原则

口腔医疗机构进行设备的采买、配备时,要遵循两个基本原则:经济原则和实用原则。

（一）经济原则

经济原则指口腔医疗设备的配备要符合经济规律要求，按照客观经济规律，结合口腔医疗设备的特点，考虑本医疗机构的具体情况，有计划、有组织地客观选择和评价，力求在满足医疗工作的前提下，以最少的成本获得最大的效益。

1. 注意避免设备的重复购置，以免浪费。

2. 在选择设备时，应在质量性能符合要求时，优先考虑国产品牌，既可以降低成本、节省外汇，又方便维修。

3. 在引进国外的设备和技术时，应避免引进淘汰或过时的产品。

4. 对已有设备，应加强维修，延长其使用寿命，力求节约。

5. 在初期采购时，利用核算招标的方法，充分考虑产品的各项性能，在保证功能的前提下，力求降低设备的初始投资。

6. 在价格和性能同等的情况下，要尽量选择使用寿命长的设备。

7. 注意节约能源，选择能耗少的设备。

8. 考虑环保因素，选择有环境防护装置的设备。

9. 选择易于维修和维修费用低的设备，要配备有完整的设备资料及维修指南等。

10. 选择符合实际需求的使用制度，提高设备的利用效率。

（二）实用原则

1. 结合单位的实际，从需要出发，按轻重缓急，逐步充实配套，分期分批地更新设备。

2. 优先考虑常规设备，其次考虑高、精、尖设备，满足需要即可。

3. 为提高医疗、科研、教学水平需要引进相关设备时，要以提高技术精度和先进技术的设备为主。

4. 引进大型装备时，勿急于引进多功能的大型设备，所需功能符合要求即可。

5. 设备的安置要布局合理，统筹兼顾。对一些优势科室，应优先装备专科设备和发展性设备。

二、口腔设备的配备评价

（一）口腔设备的配备

口腔设备的配备是口腔设备管理的第一环节，它对于新建医院的基本装备和原有设备的更新十分重要。配备设备应考虑以下因素：

1. 依据　配备口腔设备应以医院的发展规划和财务预算为依据。

2. 需求评估　配备口腔设备应考虑设备购置的合理性和迫切性。对大型贵重的设备购置应依据相应的法规进行论证。

3. 可能性　配备口腔设备的可能性主要指资金来源、引进设备所需资金及外汇额度是否落实。在落实资金时，应考虑设备的总费用，除购置费用外，还有维持费和有关费用，如材料和试剂费等。

4. 条件　配备口腔设备的条件指设备的安装、使用、保养和维修的技术力量。装备空间或场地，以及水源、电源和气源供应等。

5. 技术评估　配备口腔设备的技术评估指该设备的成本效益、性能、可靠性及其临床使用功能、特点、自动化程度、准确性、精密度等一系列技术参数，还要考虑其精密度和准确度的保持性及零配件的耐用性等。

6. 选型　配备口腔设备应在充分调查了解信息的基础上进行。选型时要考虑以下因素：首先考虑是否国内生产，质量如何；如要引进设备，应比较各厂家同类产品衡量其性能、质量与价格，选择性价比优的设备；选择厂家直销公司，减少代理商所增加的费用，维修方便；数字化医疗设备多由软件支持，应考虑软件升级功能，以保证设备运行的可连续性、扩展和升级。

7. 维修性　维修性好的设备一般结构简单，零部件组合合理。要选购易于维修，且维修费用少的设备，还要考虑设备配件获得的难易程度及维修成本。

（二）口腔设备的评价

对口腔设备的评价主要指选购设备在应用阶段的社会效益和经济效益评价。可以从以下两个方面进行评价：

1. 社会效益评价　社会效益评价包括评价设备购回后是否能充分发挥其功能，是否合理，是否有助于技术精度和专业医疗水平的提高，是否有利于学科发展、学术水平和教学质量的提高。

2. 经济效益评价　经济效益评价可采用设备投资回收期进行评价。计算方法如下：

设备投资回收期（年）＝设备投资总额 /（每年工作日数 × 每日工作次数 × 每次收费金额）－成本

从上式中可见，回收期越短，投资的效果越好。由于科学技术的发展，设备更新的速度较快，对设备的回收期也应相应缩短。

第三节　口腔设备的应用管理

口腔设备的应用管理是指口腔设备从验收、安装调试、日常使用、维修保养、发挥效益、设备降级和报废淘汰等全过程的管理。这个过程的管理是否良好直接关系到医疗、教学、科研工作的质量和水平，直接影响口腔设备的效益发挥，是设备管理中最重要的环节。

一、口腔设备应用管理的目的和内容

1. 观察总结口腔设备日常的使用情况，总结和研究口腔设备在使用过程中的运行规律，制订出合理的规章制度和实际有效的管理方式，使口腔设备最大限度地发挥社会效益和经济效益，探索产生最好价值的管理方法。

2. 做好财务预算，做到账目清楚、技术档案完备、各项制度齐全等基础性管理。

3. 具备正确的使用操作方法，及时保养和维修，定期对各项技术指标进行检测和校对，对设备进行合理改造和研发，配备专业的技术型人才。

4. 对本机构设备使用所产生的效益和成本核算等问题要有专业分析和真实的结果，要实事求是。

5. 对各个部门的工作要统一管理，统一安排，互相沟通，经常总结交流工作，向大家通报近期最新信息。

二、口腔设备应用管理的原则

（一）完好性原则

1. 在口腔设备的正常使用过程中，要具备完好的性能，即设备本身要构成完备，零部件

齐全,有完整的技术资料,在运行过程中又有良好的工作环境,完善的保管和维修,设备不发生损坏。在整个运行过程中,各项技术指标如准确度、精度、分辨率和耐用性等要能达到规定的范围,能满足医疗的正常使用。设备的完好性原则是应用管理的最基本要求。

2. 满足完好性原则要做到以下几点:

(1)具备开展正常工作的条件,保证设备电源、水源、气源等的供应,有适当的工作场所。比如有的设备需要用去离子水,有稳定的供水或制水设备,干净的环境,良好的通风除尘设施。

(2)有正确操作设备的技术人员,除正常使用外,会保养和维修,及时排除设备故障,保证设备常规运转。

(3)针对不同的设备,制订相应的管理制度,做好使用登记,明确操作人员的职责范围。

(4)设备出现故障需要更换零部件时,不能拖延,否则会造成设备更大的损坏。

3. 设备是否完好可通过完好率来反映,可按下列公式计算:仪器设备总完好率 = 达到完好指标的设备总数 / 仪器设备总台数 ×100%,单台仪器设备完好率 =(1- 年故障机数 / 额定工作时数)×100%,1995 年卫生部规定完好率在 95% 以上为合格。

4. 设备具备完好性的表现

(1)设备性能良好,运转正常。

(2)原来购入的部件及后来添加的部件都齐全,而且能正常使用。

(3)设备腐蚀和磨损程度不超过规定指标。

(4)相关技术资料比如说明书、设备工作原理图、维修手册等完整。

(5)有完整的使用纪录,记录内容齐全。

(6)有严格的操作规程,由专人负责管理。

(二)效益性原则

口腔设备使用效益包括在使用过程中产生的经济效益和社会效益。产生效益的大小取决于设备的使用状态。在评价设备的效益时,要从以下几个方面考虑:

1. 使用率　使用率就是设备的实际工作时间与额定工作时间的比值。可按年计算,也可按月计算,可计算一台设备的使用率,也可计算所有设备的使用率。可按以下公式计算:

一台设备的使用率 = 实际工作时间 / 额定工作时间 ×100%,平均使用率 = 所有设备的实际工作时间总和 / 设备数目 ×100%。

通过使用率的计算可以大致推测设备的使用效益,但由于在设备使用过程中,除了使用时间外,设备的消耗情况,比如耗电、耗水、耗气等都会影响设备的使用效率,所以使用率虽有一定的观测价值,但不全面。

2. 总效能　总效能可按下列公式计算:设备的总效能 =(运行设备数 / 设备总数)× 设备的平均使用率。从这个公式可以看出,闲置的设备数目越多,设备的总效能越低,设备的总校能与运行设备数和设备的平均使用率成正比。因此,为了提高经济效益,要按照需要采购设备,采购适合自己单位使用的设备。要尽可能提高设备的使用率,降低成本,才能达到经济效益的最大化。

3. 社会效益参考指标　医疗诊治设备的社会效益,主要反映检验和治疗的病例数。可按下列公式计算:

单台设备每年诊治的病例数 = 每台设备每天诊治的病例数 ×22(天)×12(月)

单位所有设备每年诊治的病例数 = 每天所有的设备诊治的病例数之和

教学用设备的社会效益主要反映在每年学校进行的试验次数、每年接受试验的学生总人数、每年学生做出的课题总数等。科研用设备的社会效益主要反映在每年在各类期刊上发表的文章数、内部交流的科研论文数或各级各类的科研成果及论文数等。

（三）经济性原则

经济性原则是将从设备的最初选择、采购、安装、使用及后期维修保养，都要采取经济核算制，要符合市场经济的规律。通过经济核算，有计划地综合考虑，可以提高设备的经济效益，缩短设备投资回收期。

符合经济性原则要做到以下几点：

1. 根据经济适用的原则，合理编排设备计划，合理利用有限的资金。

2. 按照年度规划、教育科研的需要、医院资金规划等合理有效地安排分配设备，使设备充分发挥其效益。

3. 在不影响功能及科研医疗需要的情况下，尽量减少资金投入，避免能源浪费，压缩日常成本消耗，提高设备利用率。

4. 加强设备的财物和审计管理，做到记录准确全面。

5. 安排具有专业知识的财务核算人员。

6. 定期总结成本与收益，总结实际经验，制订更合理的管理方法。

三、口腔设备应用管理的常用方法

口腔设备管理的常用方法可根据每个单位实际情况自行制订，这里提供一些方法供参考。

1. 管理卡 管理卡使用灵活、方便，便于分类。是一种设备管理的常用形式，卡上有管理者和使用者的签名。每台设备可根据实际情况设置多张管理卡，分别由不同的人员保存，责任落实到人。

2. 管理账 将所有设备统一入册，统一制订账目，内容要全面，包括设备名称、型号、生产厂家、购入价格、购入时间、库存编号、维修事宜、保管人员等。将整个账目存入计算机，便于查找。

3. 技术档案 将设备的产品使用手册、维修手册、工作原理线路图、质量合格证、保养制度、许可证、保险单等妥善保存。

4. 管理制度 可参照原卫生部颁布的《卫生事业单位固定资产管理办法（试行）》，具体结合本单位实际情况实施。

主要内容可包括以下条目：

（1）计划编制与审批制度。

（2）采购、验收及仓库管理制度。

（3）设备技术档案制度。

（4）设备性能精确度鉴定制度。

（5）设备仪器使用操作规程。

（6）设备维护、保养、维修制度。

（7）技术安全制度。

（8）事故处理制度。

（9）设备的领用、赔偿、报废制度。

（10）设备操作及维修人员考核制度。

5．计算机在口腔设备管理中的应用　随着科学技术的进步，计算机已应用到各行各业。在管理工作中使用计算机，可减少人力物力的浪费，具有速度快、效率高、便于更改、记录结果便于查找等优点。现代化的医疗科研机构已全面推行管理计算机化、无纸化。

通过计算机参与到管理工作中，加上计算机网络的联系，各个部门可将好的有益的管理经验互相交流共享，有利于共同进步。

第四节　口腔设备的维护管理

一、口腔设备维护的意义

设备使用一段时间以后，由于磨损、腐蚀、压力、重力等作用，其精确度和强度会有所降低，个别零部件也会变形，甚至松动脱落。元件变得老化，工作效能受到影响，工作效率会因此降低。所以，应定期检查设备，及时进行维护保养，使设备的正常功能保持和恢复，尽可能延长设备的使用时间，提高设备的使用率。

口腔设备的使用主要以医疗工作为主，如果设备的正常功能受到破坏，将直接影响临床患者的利益。教学科研机构的设备发生了故障将直接影响教学科研的进度和效果。因此，为了保证医疗、科研、教学工作的正常有序进行，要充分重视设备维护保养的重要性。

二、口腔设备维修的内容

口腔设备的维修包括维护保养和修理两方面内容。

1．口腔设备的维护保养　口腔设备的维护保养即为防止设备性能退化或降低装备失效的概率，按事前规定的计划或相应技术条件规定，及时发现和处理脏、松、缺、漏等情况，预防设备运行过程中出现不正常的状态，以保证设备的正常运行所进行的工作，也叫预防性维修。

（1）日常保养：又叫例行保养，主要指清扫工作环境，调节工作环境湿度及温度，整理工作环境，对设备外表面进行清洁，以及设备螺丝的紧固，零件的检查，润滑油的加注。比如手机，每天使用后要清洗，使用前要加注润滑油。日常保养比较简单，可由设备操作人员和保养人员完成。

（2）一级保养：指对设备内部的清洗、润滑、局部解体检查和调整，电源的检查，设备各种指标、灵敏度的测试等。一级保养应由专业保养人员完成。

（3）二级保养：包括对设备主体部件进行解体检查和调整，检查过程更详细，更换易损或破损部件，二级保养接近于修理，故也称预防性修理，每季度一次，应由专业保养人员和修理人员共同完成。

2．口腔设备的修理　口腔设备的修理是指设备出现故障，或预测将要出现故障时，修复或更换已经磨损或损坏的零件，以恢复其应有的技术状态和功能。设备的修理都要由专业修理人员完成。

（1）小修：只进行局部的修理，通常只是更换和修复少量的部件，或调整设备的精度或部分结构。

（2）中修：根据设备使用情况，对设备的主要部件进行修理，更换的零部件数目较多，校正恢复设备的准确度、精度，保证设备运行时达到规定的标准，功能达到完全正常．

（3）大修理：是对设备进行彻底检查和全面修理，将设备的全部零部件解体、检查、修复、更换，全面校正设备的准确度、精度、灵敏度等，全面恢复设备的精度、性能和效率，达到规定的标准。

三、口腔设备维护的评估

口腔设备维护保养和修理的效果如何，通过两个方面可以衡量评估：一是设备的技术状态良好；二是维修和管理付出的代价最少。建立和考核设备维修管理的技术和经济指标，对提高维修管理水平和技术水平，稳定维修技术队伍具有重要意义，这些技术经济指标可作为维修人员考核参考。

设备技术状况常分为四级，见表6-1。

表6-1　常见设备分级情况

分级	性能	运转	零部件	仪表指示系统
设备完好	良好	正常	齐全	正常
设备基本完好	主要性能良好	基本正常	主要部件齐全	正常
设备情况不良	主要性能良好	经常出现故障或使用受到影响	主要部件齐全	某种程度失调
报废或待报废	主要性能故障	不能正常运转或经常出现较大故障	主要部件齐全	失调

根据设备分级情况，可计算出医院设备的完好率，可按以下公式计算：

完好率＝功能完好和基本完好的台数／总台数×100%

小　结

本章通过对口腔设备管理系列内容的叙述，阐明了口腔设备管理的意义、任务和内容，口腔设备的配备管理，口腔设备的应用管理，口腔设备的维护管理等。通过学习本章内容能够熟悉、了解有关设备管理的知识，为以后从业打下基础，而且对从事口腔临床工作者也提供了一定的参考价值，具有较强的实用性和可操作性。

思考题

1. 口腔设备管理的任务和内容有哪些？
2. 口腔设备的配备原则是什么？
3. 如何对口腔设备进行选择和评价？
4. 口腔设备应用管理的原则是什么？
5. 如何对口腔设备进行维护管理？

（李新春）

参 考 文 献

1. 张志君. 口腔设备学. 3 版. 成都：四川大学出版社，2008
2. 赵铱民. 口腔修复学. 7 版. 北京：人民卫生出版社，2012
3. 周学东. 口腔医学史. 北京：人民卫生出版社，2013
4. 李新春. 口腔工艺设备. 北京：人民卫生出版社，2008

附录：实训教程

实训一　口腔综合治疗机和手机的操作与维护

【目的和要求】

1. 掌握口腔综合治疗机的操作与维护。

2. 熟悉口腔常用手机的类别。

3. 了解牙科手机的操作与维护。

【实训内容】

1. 口腔综合治疗机的操作与维护。

2. 牙科手机的分类。

3. 各类牙科手机的操作和维护。

【实训学时】

2学时。

【实训设备及用品】

口腔综合治疗机、各类牙科手机、手机清洗润滑剂、润滑油、洗涤剂、水、液压油、车针、车针扳手、三用枪头等。

【方法、步骤及维修示教】

1. 口腔综合治疗机操作常规

（1）开诊前，将空气过滤器上的排气阀开启，释放气体若干分钟，直至排出的气体不含油、水为止。并且对高速涡轮机头加清洗润滑剂1次，低速气动马达手机加润滑油1～2滴。

（2）首先启动连接线箱上的电源开关，再启动器械台上的水气开关。供电电源的工作电压应符合要求，一般为220V±10%。水压力应保证符合口腔综合治疗机的技术指标0.2MPa。

（3）正确使用口腔综合治疗机的升、降、俯、仰按钮及自动复位按钮。

（4）在未关闭器械台上的气锁开关时，切勿强行移动器械台。

（5）使用涡轮手机前后，应将其对准痰盂喷雾1～2秒，以便将手机尾管中回吸的污物排出，防止发生交叉感染。高、低速机头及三用喷枪、洁牙机头用完后，应及时准确地放回挂架。

（6）吸唾器和强吸器在每次使用完毕，必须吸入一定量的清水（至少2杯），以清洁管路,防止其堵塞和损坏。

（7）水杯注水的速度应调至适当,以防止向外溢出污染治疗环境。

（8）定期清洗痰盂管道的污物收集器。

（9）工作结束应将治疗椅复位到最低位置,关闭电源开关,并用强力吸唾器放掉空压机系统内的剩余空气。

（10）手机的操作和维护,应严格遵照相关的技术资料推荐的方法进行。

（11）每日停诊后,应对设备表面进行擦拭,以保持整机清洁。

2. 指导学生了解对口腔综合治疗机的常见故障及处理,详见表2-1。

3. 识别牙科常用各类手机的类别

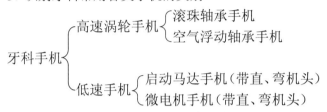

4. 掌握常用牙科各类手机的操作与维护。

5. 要求教师讲解设备的原理及使用方法。

6. 学生按照老师的示教要求自己动手操作。

【注意事项】

1. 口腔综合治疗机的操作和维护须在教师的指导下进行。

2. 手机清洗润滑剂、润滑油、液压油等应用要适量,不宜过多。

3. 不能使用具有腐蚀性的清洁剂和粗糙织物擦洗设备。

4. 各类牙科手机均应轻拿轻放,小心避免摔坏。

（谭　风）

实训二　修整、切割、打磨、抛光设备的操作与维护

【目的和要求】

1. 掌握模型修整机、技工用打磨机的操作常规。

2. 熟悉模型修整机、技工用打磨机的结构。

3. 了解模型修整机、技工用打磨机的工作原理及维护。

【实训内容】

1. 模型修整机的操作和维护。

2. 技工用打磨机的操作和维护。

【实训学时】

2学时。

【实训设备及用品】

1. 模型修整机。

2. 技工用打磨机。

3. 手机清洗润滑剂、润滑油、洗涤剂、水、液压油、磨具、砂石、抛磨材、石膏模型等。

【方法、步骤及维修示教】

1. 模型修整机　又称石膏打磨机，是口腔修复技工室修整石膏模型的专用设备。

（1）教师讲解设备的原理、操作及维护。

（2）同学自行练习。

2. 技工用打磨机　技工用打磨机是口腔技工室的基本设备之一。目前临床上使用的打磨设备大概可分为两类：一类是微型电动打磨机，可用于试戴义齿时做少量磨改及抛光等使用；另一类是多功能切割、打磨、抛光机，多用于口腔修复技工室制作过程中对修复体的切割、打磨抛光。

（1）教师讲解设备的原理、操作及维护。

（2）同学自行练习。

【注意事项】

1. 实训课前应认真预习实训内容。

2. 设备的操作应该在专业老师的指导下进行，注意安全。

3. 操作要按照程序进行，动作应轻柔。

4. 实训结束要注意保养设备，养成习惯。

（周　政）

实训三　铸造烤瓷设备的操作与维护

【目的和要求】

1. 掌握铸造烤瓷设备的操作规程。

2. 熟悉铸造烤瓷设备的工作原理。

3. 了解铸造烤瓷设备的维护。

【实训内容】

1. 烤瓷炉的操作和维护。

2. 铸造机的操作和维护。

3. 喷砂机的操作和维护。

4. 箱形电阻炉的操作和维护。

5. 超声波清洗机的操作和维护。

【实训学时】

2 学时。

【实训设备及用品】

1. 烤瓷炉、比色板、各色瓷粉、调板、吸水纸、调笔、调刀、调拌液等。

2. 铸造机、坩埚、金属粒、铸圈、挟持钳、护目镜、防护手套、天平秤等。

3. 喷砂机、石英砂、玻璃球、护目镜、口罩等。

4. 箱形电阻炉、各型铸圈、挟持钳、护目镜等。

5. 超声波清洗机、蒸馏水或纯净水。

【方法、步骤及维修示教】

1. 烤瓷炉　烤瓷炉是口腔修复科的重要设备之一，主要用于金属烤瓷熔附全冠外部瓷层的烧结。常用的烤瓷炉从外形分卧式和立式两类，立式应用较广，现在烤瓷炉大多具有真空功能，所以又称真空烤瓷炉。

（1）教师讲解设备的原理、操作及维修。

（2）同学自行练习。

2．铸造机 铸造机是口腔修复科的必需设备，用于各类活动义齿支架、嵌体、冠和固定义齿的铸件制作。

（1）教师讲解设备的原理、操作及维修。

（2）同学自行练习。

3．喷砂机 喷砂机又叫喷砂抛光机，是利用压缩空气将沙粒喷射到金属修复体的表面，达到磨光的效果。喷砂用的砂粒为锐角状金刚砂和球状玻璃体，前者多用于去除铸件表面的氧化膜，后者较易获得磨光效果。

（1）教师讲解设备的原理、操作及维修。

（2）同学自行练习。

4．箱形电阻炉 箱形电阻炉又叫预热炉或茂福炉，主要用于口腔修复中铸造模型的去蜡及预热。

（1）教师讲解设备的原理、操作及维修。

（2）同学自行练习。

5．超声波清洗机 超声波清洗机是利用超声产生振荡，对口腔修复体表面进行清洗，主要用于烤瓷、烤塑金属冠等形状复杂且精密度高的铸件的清洗。

（1）教师讲解设备的原理、操作及维修。

（2）同学自行练习。

【注意事项】

1．实验课前要预习实验内容，掌握操作程序。

2．学生要在老师指导下进行操作，切忌盲目。

3．操作要规范，动作要轻柔。

4．试验结束要注意设备的维护和保养。

（葛亚丽）

实训四　其他口腔工艺设备的操作与维护

【目的和要求】

1．熟练掌握口腔多功能技工台和技工振荡器的应用与维护。

2．了解焊接设备（牙科点焊机和激光焊接机）、牙科吸塑成形机的应用与维护。

3．了解多功能技工台、技工振荡器、焊接设备（牙科点焊机和激光焊接机）、牙科吸塑成形机的结构。

【实训内容】

1．多功能技工台的应用与维护。

2．牙科点焊机的应用与维护。

3．激光焊接机的应用与维护。

4. 技工振荡器的应用与维护。

5. 牙科吸塑成形机的应用与维护。

【实训学时】

2 学时。

【实训设备及用品】

口腔多功能技工台，微型电动打磨手机，技工振荡器，印模，石膏，调拌刀，橡胶调拌碗，牙科点焊机，不锈钢丝，焊接剂（焊媒），细砂纸，激光焊接机；牙科吸塑成形机，吸塑用高分子薄膜，超硬石膏模型。

【方法、步骤及维修示教】

1. 口腔多功能技工台的应用与维护

（1）认识多功能技工台的结构：桌体、照明系统、托板扶手/肘托、吸尘系统、气枪、储物抽屉、废物箱、电源插座、微型电动打磨手机、煤气灯。

（2）多功能技工台的使用

1）接通电源。

2）安放、取下托板扶手/肘托。

3）安放、取下吸尘系统接口、挡尘板。

4）打开电源总开关、吸尘器开关、打磨机开关。

5）设定吸尘系统的工作方式（与打磨手机联动、膝控）、吸尘功率大小。

6）微型打磨手机与桌体一体化设计的技工台，桌体控制面板上有微型打磨手机的电源开关、启动开关、调控（如打磨速度或方向）按钮或旋钮。手机连线长度可以根据需要调整和固定。

7）打开照明灯，调节光线投射位置及角度。

8）气枪的使用。气枪多为橡胶质，未受力变形时，气枪内部阀门关闭。按压气枪中部使之轻微变形，则有压缩空气溢出，变形越大，气体流量越大。

9）煤气管的开关及调节。

10）使用完毕后，依此关闭煤气阀、照明灯、打磨机开关、吸尘器开以及电源总开关。

（3）口腔多功能技工台的维护保养

1）保持桌面的整洁，及时清理废物抽屉。

2）保持吸尘系统通畅，定期清理吸尘袋、吸尘滤芯，定期检修吸尘器。注意勿将湿润的粉尘（如打磨未干燥的石膏模型）吸入，因为湿润的粉尘将堵塞吸尘袋的微孔、黏附在滤芯的叶片上，难于去除。

3）照明灯不要调节过低，以免撞击。

4）拉出笔式气枪及按压气枪时，注意不要用暴力，以免将连线拉断。

5）微型打磨手机连线的长度一般不超过距离地面的距离，并且调节后应固定稳固，这样可避免手机不慎摔落地面。不使用时，手机应当放置在手机座上，以免手机跌落。

6）每天需注意关闭煤气开关及总阀，定期检修煤气管线。

（4）学生按照老师的示教要求自己动手操作。

2. 牙科点焊机的应用与维护

（1）认识牙科点焊机的结构：控制面板（电源开关、电压调节旋钮、电压表、焊接启动按钮、脚控开关），活动案板，电极，电极座。

（2）牙科点焊机的使用

1）设备放置在平稳处。电源严格接地，电源电压符合设备要求。

2）选择并检查电极，如有氧化现象，可用细砂纸轻轻磨光。

3）接通电源，打开电源开关，调节焊接电压。

4）按下案板，将焊件放入两电极间，焊点与上下电极接触，缓慢松开案板，使电极夹住工件，调整电极对焊件的压力。

5）按下焊接按钮或踩下脚控开关，开始焊接。

6）焊接完成后，取下焊件。断开电源，将电极转至非定位位置。

（3）牙科点焊机的维修保养

1）应放置于平稳、干燥处。

2）不使用时应断开电源，将电极转至非定位位置以外，以免损坏电极。

3）应将储能电容放电后再进行检测设备，避免触电。

4）平时注意保持设备清洁。

（4）学生按照老师的示教要求自己动手操作。

3. 激光焊接机的应用与维护

（1）认识激光焊接机的结构：脉冲激光电源、激光器、工作室和控制显示系统。

（2）激光焊接机的使用

1）在进行工件的加工之前，首先检查电源、水源以及氩气瓶气量。

2）打开主机的工作电源、水源，根据加工材料调节工作电压。

3）调整激光头，并且调整氩气吹入喷嘴与焊接区的距离在 1.5～2.0cm，气流 8L/min。

4）通过控制系统，在计算机上选定预设的加工程序，并设定加工速度，或者人工选择各个焊接参数。

5）将焊接件放入工作室并固定，关闭工作室，通过光学观测装置观测，按下开始按键，开始进行焊接。

6）焊接结束，关闭电源、水源、氩气瓶。

（3）激光焊接机的维护保养

1）设备电源应严格接地，电源功率不得超过机器允许额定功率。检修设备前断开电源。

2）焊接过程中，切忌打开工作室，以免发生触电等意外。

3）夏季水箱控制温度上限设置，低于室温 2℃ 为宜，避免激光棒端面结露。

4）绝对不能用眼睛对激光输出口观看，避免激光束射入眼睛，否则将造成永久性失明。无自动护眼装置的机型，操作人员须佩戴激光防护眼镜。

5）封闭循环水冷却系统应当用去离子水或蒸馏水，每个月更换 1 次。

6）保持放大目视镜的清洁，擦拭时必须使用专门的擦镜纸。

7）每次工作后应清洁工作室。

（4）学生按照老师的示教要求自己动手操作。

4. 技工振荡器的应用与维护

（1）认识多功能技工台的结构：箱体，控制面板（电源开关、振荡频率调节旋钮等），振荡台。

（2）技工振荡器的使用

1）应安放在稳固的台面上。

2）根据使用目的和材料设定振荡频率。

3）打开电源开关，进行操作（调拌石膏材料灌注印模）。

4）操作完成后关闭电源开关，取下振荡台，清洁振荡器后，复位振荡台。

（3）维护保养

1）确定电源电压与机器的标定值一致，注意电源插座正确接地。

2）当发现电源线或电源插头故障时，应立即停止使用。

3）继电器是易损部件，因此调节振荡频率旋钮时忌用暴力。

4）使用时，注意不要使水等液体进入箱体，以免电路损坏。

5）使用时，注意不要使未凝固的石膏流进箱体，石膏硬固后将影响振荡器的使用。

6）平常注意保持振荡器的清洁，清洁时切记将电源断开。

5. 牙科吸塑成形机的应用与维护

（1）认识牙科吸塑成形机的结构：加热器、薄膜夹持器、模型放置台、真空抽吸装置、控制面板、其他配件。

（2）牙科吸塑成形机的使用

1）根据机器要求，连接电源，同时使用压缩空气的机型应当连接压缩空气接口，并调节压缩空气的压力大小。

2）打开电源开关。

3）将模型固定在真空吸盘上。

4）将吸塑材料薄膜安装在成形片上夹紧。

5）启动红外线或电阻丝加热器，加热薄膜。注意工作时加热器温度很高，勿靠近或触摸，避免烫伤。

6）将加热后充分软化的薄膜覆盖在模型上，随即在模型及薄膜下方抽吸真空或同时压缩空气在薄膜上表面加压。

7）当材料冷却后，释放压缩空气或真空，取出成形的薄膜和模型，将薄膜和模型分离。

8）修剪修复体，打磨抛光。

（3）牙科吸塑成形机的维护保养

1）采用电压稳定的电源，必要时采用电源稳压器，电压符合设备要求。电源必须严格接地。

2）设备的放置必须稳固。

3）定期检修、清理机器，检修前，需断开电源。

4）注意工作时加热器温度很高，切勿靠近或触摸，避免烫伤。

（4）学生按照老师的示教要求自己动手操作。

【注意事项】

1. 各种设备的常规操作和维护保养应当先由教师示教，然后在教师的指导下，学生进行系统的操作练习。特别是一些精密贵重的设备，教师应当给予密切关注。

2. 操作练习中，应当注意操作者的自身安全维护，如使用激光焊接机时应当戴用激光防护眼镜，使用牙科吸塑成形机时应当注意避免烫伤。

3．保持设备清洁，定期进行设备检修，检修时注意断开电源，避免触电等意外。

4．各种设备的使用均忌用暴力。

（郭　红）